JN026019

数学も英語も
強くなる！

直訳では伝わらない
意外な数学英語たち

馬場博史 著

技術評論社

まえがき

テレビのCMで "I have a sweet tooth" は「甘党です」という意味だと初めて知った人は多いのではないでしょうか．直訳すると「甘い歯を持っています」という意味になります．味を感じるのは舌なのにこんな表現があるのは意外ですよね．それなら "sweet tongue（甘い舌）" でもいいのでは？ と思いますが，これには「優しい言葉」という別の意味があるそうです．自分が話す立場なら "I like sweets" という言い方だけ知っていればそれで十分なのですが，聞く立場になると，同じ意味を持つ異なる表現も知らなければ相手の言うことを理解することができません．つまり直訳しても意味が通じないような言い方も知っておいた方がいいということです．

実際，直訳では伝わらない意外な表現はどんな言語にもあります．もちろん英語にも，その中の数学用語にもたくさんあります．私は数学に関する英語の書籍やウェブページを読んだり，動画を視聴したりする機会が多いので，日本語ではこういう意味だったのか，英語ではこんな表現をするのかと思うことがこれまでに何度もありました．直訳では伝わらない用語だけでなく，日本ではあまり使われていない用語，辞書に掲載されていない意味を持つ用語にもしばしば出会いました．数学においても，よく使われる表現だけでなく，あまり使われない表現も知っていなければ，文章の意味を正しく理解し，問題を正しく解答することは難しいですよね．

きっかけになった数学英語（英語の数学用語を略してこう呼んでいます）は，"power of a point theorem" でした．直訳すると「点の力の定理」になります．さてこれはどんな定理なんでしょう．いろいろ調べてみた結果，その意味だけでなく語源や歴史も面白かったので，これはぜひ記録しておこうと思いました．そうすると今度は，他の意外な数学英語も記録しておきたいと思うようになり，それならブログを始めようと思いついたのです．そこには用語の解説だけでなく，関連する話題や練習問題，簡単なクイズなども加えていきました．

そのブログに加筆・修正し，さらに気になる "one more word" も追加してまとめたのがこの本になります．これは数学用語の英和・和英辞典ではありませんし，英語で論文を作るための参考書というわけでもありません．英語で解説された数学に関する書籍や動画を読んだり視聴したりしたとき，また，英語で書かれた数学の問題に取り組むとき，意外な表現に出会ってもその内容を理解できるようになるための本です．

主に英語で数学を学ぶ人または教える人，海外留学をしている人または目指す人，IB program，immersion program，CLIL（詳しくはあとがきで）の環境にいる人たちの参考になればいいと思っていますが，数学に興味のある人なら問題を解くだけでも楽しいし，英語に興味のある人なら読むだけでも楽しむことができます．本書で「数学と英語の二刀流」を楽しんでいただけたら嬉しく思います．

2022 年 4 月　　馬場博史

本書の読み方

本書は，英語に，あるいは数学になじんでない方にも親しみを持って読んでもらえるよう，世界の数学事情やイラスト，図，Quiz などを盛り込んで易しく解説しています．

keyword が
見出しになっています．

keyword 02

Cartesian plane

ここでの plane は飛行機ではなくて平面という意味です．2D（2次
のグラフを描くのに xy-plane（xy 平面）を使いますね．これは coor
（座標）を使うので coordinate plane（座標平面）ともいいます．

日本では以上の２つの言い方が多いのですが，英書では 1637 年に
「方法序説」で座標を考案した René Descartes（1596-1650）の名をと
Cartesian plane（デカルト平面）と呼ばれることが多いです．

なぜデカルトなのに，Cartesian（英語発音「カーティージャン」）と
のかというと，ラテン語名が Renatus Cartesius（レナトゥス・カルテシ
というからなんです．日本語ではデカルトがよく使われているので，
Cartesian と聞くと誰のことだか分かりませんね．

2D 以上の場合も含めると，Cartesian coordinate system（デカルト座標系）といい，orthogonal coordinate system（直交座標系）あるいは rectangular coordinate system（長方形座標系または矩形座標系）といういい方もあります．

意味や歴史的背景、
数学での使われ方を
説明しています．

日本と海外における
使い方の違いにも触
れています．

▶ Quiz²
デカルトの著書『方法序説』（Discours de la méthode）
の中の有名な言葉で，
"I think, therefore I am." の日本語訳は何でしょう？

ところどころに
Quiz があります．
息抜きにチャレンジ
してみてください！

▶ Answer²　我思う、ゆえに我あり

Quiz の Answer です．
まずは見ないで頑張って
みてくださいね．

14

実際に出題された英語の
数学問題です.
解答は巻末にあります.

06 **DST triangle** 問題

(1) How long will it take Simon to jog a distance of 15 miles if Simon jogs at a steady speed of 6mph.
(2) Make a round trip on the same road. Going 60 km/h, returning 20 km/h. Find the average speed.

（解答は巻末）

数学英語でよく出てくる用語や
知っておくと得する情報を掲載
しています.

One More Word

GDC

Graphic Display Calculator（グラフ電卓）のことです. 関数電卓にグラフを描く機能がついています. IB（international baccalaureate 国際バカロレア）が採用されている多くの international school をはじめ, 世界中の学校で授業にも試験にも使われています.

目　次

Chapter 2 Algebra【代数】 57

Chapter 1

Basic
【基本】

数学のどの分野でも使うような
基本的な数学英語の中で
意外なものを紹介しています.

keyword 01

At Most

「a は b 以下である」ことを，不等号を使って表すとき，日本では $a \leqq b$，海外では $a \leq b$ または $a \leqslant b$ と表すことが多いです．日本語では「a 小なりイコール b」（日本語とカタカナ英語が混じって気持ち悪い）または「a は b 以下」と読み，英語では a is less than or equal to b と読みます．ただ他にも，**a is at most b**（直訳すると「a は多くとも b」）など，いくつかの表現があります．

(1) $a \leq b$（a 小なりイコール b）（a は b 以下）

a is at most b
a is less than or equal to b
a is b or less
a is not greater than b
a is no greater than b
a is not more than b
a is no more than b
a does not exceed b

(2) $a > b$（a 大なり b）（a は b より大きい）

a is greater than b
a is more than b
a exceeds b
a is in excess of b

(3) $a \geq b$ or $a \geqslant b$（a 大なりイコール b）（a は b 以上）

a is at least b
a is greater than or equal to b
a is b or more
a is not less than b
a is no less than b
a is not fewer than b
a is no fewer than b

(4) $a < b$（a 小なり b）（a は b 未満）

a is less than b
a is fewer than b
a is up to b

(5) 次のような表現もあります．

$a \ll b$　a is much less than b
$a \gg b$　a is much greater than b

$a \leqq b$ ，$a \leq b$ ，$a \leqslant b$
みんな同じ意味！

▶ Quiz[1]
most は何の最上級でしょうか？

答えはページの一番下です．

いろいろな言い方があるものですね．自分から伝えるときはひとつの表現だけでも相手に通じますが，読んだり聞いたりするときは異なる表現も知っておかないと理解できないことがあります．書いたり話したりするのが上手でなくても相手は理解してくれますが，読んだり聞いたりする力が不十分だとコミュニケーションがとりにくくなります．最近英語4技能が重要と言われますが，話すより「聞く」こと，「書く」より「読む」ことのほうが大切ではないでしょうか．

01 At Most 問題

Find the polynomial q of degree at most 3 satisfying $q(-1)=-1$, $q(0)=1$, $q(1)=3$, $q(4)=-1$

（解答は巻末）

▶ Answer[1]　many，much

keyword 02

Cartesian plane

ここでの plane は飛行機ではなくて平面という意味です．2D（2次元）のグラフを描くのに xy-plane（xy 平面）を使いますね．これは coordinate（座標）を使うので coordinate plane（座標平面）ともいいます．

日本では以上の2つの言い方が多いのですが，英書では1637年に著書「方法序説」で座標を考案した René Descartes（1596-1650）の名をとって **Cartesian plane**（デカルト平面）と呼ばれることが多いです．

なぜデカルトなのに，Cartesian（英語発音「カーティージャン」）と呼ぶのかというと，ラテン語名が Renatus Cartesius（レナトゥス・カルテシウス）というからなんです．日本語ではデカルトがよく使われているので，初めて Cartesian と聞くと誰のことだか分かりませんね．

2D以上の場合も含めると，Cartesian coordinate system（デカルト座標系）といい，orthogonal coordinate system（直交座標系）あるいは rectangular coordinate system（長方形座標系または矩形座標系）といういい方もあります．

▶ **Quiz**²
デカルトの著書『方法序説』（Discours de la méthode）
の中の有名な言葉で，
"I think, therefore I am." の日本語訳は何でしょう？

▶ **Answer**²　我思う、ゆえに我あり

因みに，Cartesian product（デカルト積）または direct product（直積）という集合があります．これは，複数の集合から1つずつ要素をとりだしてできる組の集まりのことで，例えば $A=\{1, 2, 3\}$ と $B=\{a, b\}$ の Cartesian product $A\times B$ は $\{(1, a), (1, b), (2, a), (2, b), (3, a), (3, b)\}$ になります．

2D の Cartesian plane の座標は，(2, 3) とか $(\sqrt{2}, \pi)$ とかの（実数，実数）の形で表されるので，実数の集合 $\mathbb{R}$ と $\mathbb{R}$ の Cartesian product $\mathbb{R}\times\mathbb{R}$ の要素になります．

また，$y=2x+3$，$x^2+y^2=4$，$z=x^2+y^2$ などの，2D なら x と y，3D なら x, y, z を用いる関数の表し方を Cartesian equation（デカルト方程式）といいます．それに対するものとして，polar equation（極方程式）や vector equation（ベクトル方程式）などがあります．例えば，原点中心で半径3の円を表す polar equation $r=3$，vector equation $|\vec{p}|=3$ は，$\sqrt{x^2+y^2}=3$ より，Cartesian equation は $x^2+y^2=9$ となります．

02 Cartesian plane 問題

Eliminate the parameter t to find a simplified Cartesian equation of the form.

(1) $x=2-t$，$y=6-3t$

(2) $x=\cosh t$，$y=\sinh t$

（解答は巻末）

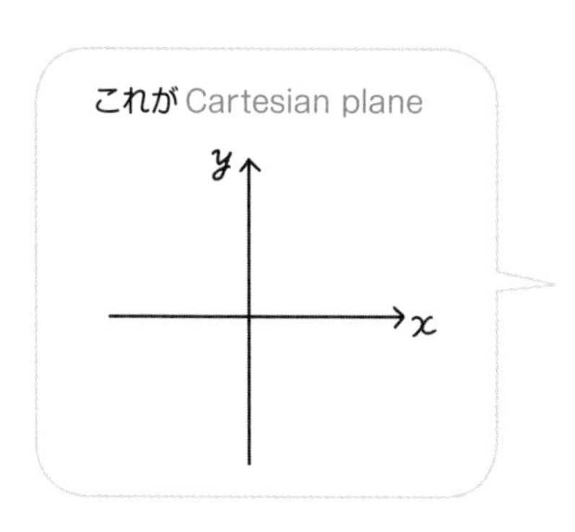

keyword 03

Direct Variation

正比例のことを direct proportionality といい，y が x に正比例することを

y is directly proportional to x

といいます．正比例することを「比例する」ともいいますが，英語でも direct なしで，proportionality とか，proportional とかいいます．すなわち，y が x に比例するというのに，

y is proportional to x

でもいいわけです．そして，どちらも $y = kx$（k は比例定数）という関係式になり，時には $y \propto x$ とも表されます．

Direct Variation	Inverse Variation
y **varies directly as** x or y is **directly proportional** to x $y = kx$	y **varies inversely as** x or y is **inversely proportional** to x $y = \frac{k}{x}$

Variation は変動，変分，振幅などの意味があり，direct variation を直訳すると「直接変動」となりそうですが，実は direct proportionality，つまり正比例という意味で使われています．なので，y が x に正比例するということを，

y varies directly with x

または

y varies directly as x

とも表現されます．

同様に，反比例は inverse proportionality または inverse variation といいます．y が x に反比例することは，

y is inversely proportional to x
y varies inversely with x
y varies inversely as x

などと表され，関係式は $y=\frac{k}{x}$ となります．

因みに，joint variation, combined variation という用語もあり，joint variation は2変数以上の積に比例し，その関係式は2変数の場合 $y=kxz$ になります．また，combined variation は2変数以上の積や商に比例し，その式は例えば $y=\frac{kz}{x}$ などとなります．

Joint Variation	Combined Variation
y varies directly to two or more quantities. Equation: $y = kxz$	**y varies directly to some quantities and varies inversely to some other quantities.** Equation: $xy = kz$ or $y = \frac{kz}{x}$

03 Direct Variation 問題

The area of an ellipse varies jointly as a and b, that is, half the major and minor axes. If the area of an ellipse is 300 pi square units when $a=10$ and $b=30$ units then what is the constant of proportionality? Give a formula for the area of an ellipse.

（解答は巻末）

keyword 04

Directed Numbers

日本では，中学1年生の数学で初めて負の数（negative numbers）が登場します．教科書には「－のついた数」とも書かれています．もちろん小学校まで使っていた0より大きい数も，あらためて正の数（positive numbers）と呼び，正の数と負の数をまとめて「正負の数」と呼んでいます．英書ではこれらを **directed numbers**（向きのある数）または signed numbers（符号のついた数）という場合があります．つまり，directed numbers も signed numbers も意訳すれば「正負の数」ということになります．Directed numbers を中国語では有向數といいますが，日本語で有向数という用語はあまり使われません．また，signed numbers を符号数と呼ばないのは，signature（符号数）という別の意味の数があるからです．

ところで，英書で負の数に（　）をつけていないのを目にすることがあります．例えばよく

$$-3+-4=-7$$

negative 3 plus negative 4 equals negative 7

と書かれています．負の数に（　）をつけるのが当たり前の日本では，少し違和感を感じますが，（　）がないからといって間違いではありません．

さて，なぜ a negative times a negative equals a positive（負の数×負の数＝正の数）となるのでしょうか．私の好きなのは次のような説明です．東向きに時速4km で歩いている人は，2時間後には8km 東に居ます．西向きに時速4km（東向きに時速－4km）で歩いている人は，2時間前（－2時間後）には8km 東に居ました．同じところに居るので，

$$4\times 2=-4\times -2$$

ということになります．

借金と借金を掛けて財産になるというのはおかしな話です．この歴史的な議論を，数学者遠山啓（1909-1979）が著書「数学入門」（1959）で詳しく紹介しています．彼はこの中で「がんらい金高と金高をかけても無意味なのである」と述べています．

速度と時間の積は意味がありますが，借金と借金の積は意味がありません．私たちは意味があるから，必要だから計算するのであって，意味のない計算はしないのです．

keyword 05

DMS

海外の数学のテキストは，real world（現実の世界）の事柄を扱ったword problem（文章題）が多いので，例えば2時間46分かかったとか，角度が53.7°だったなど，手計算では困難な値が頻繁に登場します．そのため，IB（国際バカロレア）をはじめ，米国のSATや英国のGCSEなど，多くの国で数学の授業にも試験にもGDC（グラフ電卓）が使われています．

さて，時間の単位は，hour（時）の下はMinute（分），Second（秒）となっています．これをまとめて時間の単位系をHMS (Hour, Minute, Second）といいます．

▶ **Quiz**[3]
角度の単位は，
degree（度）の下は何でしょう？

角度はDMS (Degree, Minute, Second)という単位系になります．時間の方は日常的に使われていますが，角度の方はminuteやsecondまで使われることはあまりありませんね．

これに対して，hourやdegree未満を小数で表すdecimal hours (dh)（10進時間），decimal degrees (dd)（十進角）の方が計算は簡単ですが，時間の方はこの形で出題されることはあまりなく，この形に直して計算しても，最後に答をHMSで求められることが多いです．これを手計算でするとかなり面倒なことになります．

▶ **Answer**[3]　minute，second

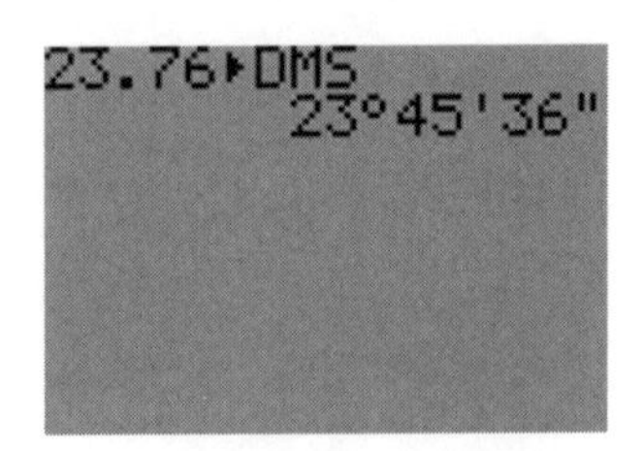

GDC "TI-84 Plus" の画面

世界で最もシェアの高い Texas Instruments 社の GDC には，▶**DMS** というコマンドがあって，dd を DMS に変換してくれます．これを使えば，時間の方も全く同様に dh から HMS に変換できます．右図では，角 23.76 度を 23 度 45 分 36 秒に変換していますが，23.76 時間を 23 時間 45 分 36 秒に変換したと思っても良いわけです．

因みに，decimal time（10 進化時間）とは，18 世紀末のフランス革命で導入されようとして定着しなかった「1 日を 10 時間として，その 100 分の 1 を 1 分，その 100 分の 1 を 1 秒とする時刻の体系」です．Decimal time の 1 時間は今の 2 時間 24 分になり，正午は 5 時ということになります．もしこれが定着していたら，時間の計算はもっと楽になっていたことでしょう．

10 進化時間の時計

05 DMS 問題

(1) Convert 28° 15' 23" to decimal degrees

(2) Convert 36.39° to DMS

（解答は巻末）

keyword 06

DST triangle

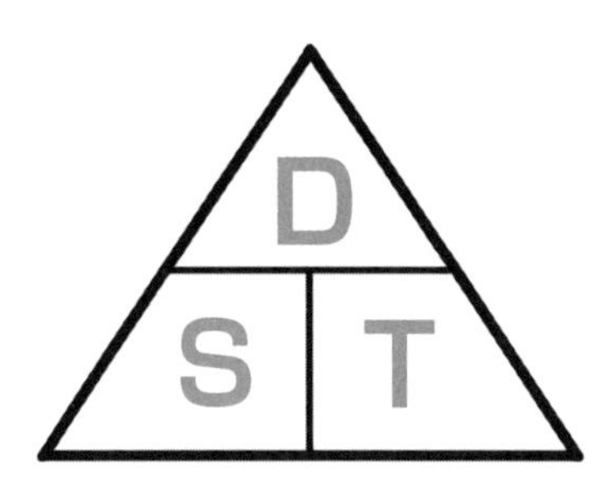

略語を集めたAbbreviations.comというサイトでDSTを調べると76個もの用語が掲載されていて，中にはdaylight saving time（夏時間）というなじみのあるものも見つけることができます．

DSTというと，Distanceの省略で「距離」という意味を思い浮かべる人も多いのではないでしょうか．自動車や自転車の積算計などに表示されているのをよく目にします．それにtriangleがつくと「距離の三角形」となって何のことだか分からなくなってしまいますね．

確かにこの用語だけをいきなり聞くと分かりにくいですが，数学用語として図を見ればすぐにピンと来るのではないでしょうか．**D**istance, **S**peed and **T**imeの頭文字でDST，その3つの関係を表したのが**DST triangle**です．すなわち，次のDistance, speed and time formulae（公式）を表しています．

$$\text{Distance} = \text{Speed} \times \text{Time}$$

$$\text{Speed} = \frac{\text{Distance}}{\text{Time}}$$

$$\text{Time} = \frac{\text{Distance}}{\text{Speed}}$$

168ページで紹介する64 SOHCAHTOAと同じように，DSTの関係を分かり易く覚えようという工夫から生まれたもので，"Magic Triangle for Speed, Distance and Time"と呼ばれることもあります．

さらにこの関係の他の覚え方として，"**D**ad's **s**illy **t**riangle." というのがあります．訳すと「お父ちゃんのしょーもない三角形」みたいになって変な文章になりますが，これは「しょーもない」校則を生徒が「それってしょーもない決まりやなあ」"That's a silly rule." という言い方のパロディ（おやじギャグみたいなもの）で覚えようという humor が感じられます（笑）.

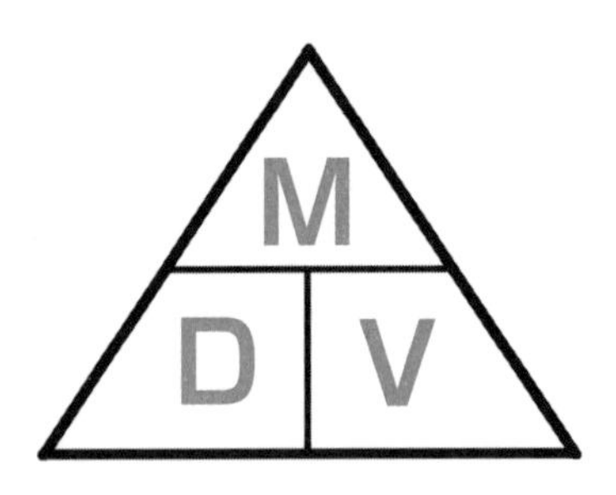

他にも Magic Triangle を使って表す関係で，MDV triangle というのがあります．Density（濃度），Mass（質量），Volume（体積）として次の関係を表しています．

$$\text{Density} = \frac{\text{Mass}}{\text{Volume}}$$

$$\text{Mass} = \text{Density} \times \text{Volume}$$

$$\text{Volume} = \frac{\text{Mass}}{\text{Density}}$$

日本の小中学校でよく登場する食塩水の濃度は，「質量パーセント濃度」といい，溶液全体の質量に対する溶質の質量の割合を表したものですが，MDV は「質量 / 体積パーセント濃度」といって，溶液全体の体積に対する溶質の質量の割合を表したものなので，混同しないようにしなければいけません．

日本にも DST と同じような覚え方があって，**み**ちのり（または**き**ょり），**は**やさ，**じ**かんの１文字目をとって，「みはじ」（または「はじき」）を○の中に書くというのが有名ですが，これをただ覚えるだけでそれぞれの関係の意味を分かっていなければ良くないという意見もよく耳にするところです.

因みに, 他にも「くもわ」というのがあって,「**く**」は比べられる量、「**も**」はもとにする量,「**わ**」は割合を意味していて,「比べられる量」は「もとにする量×割合」で求めることを基本として,「みはじ」と同様に覚えようというわけです.

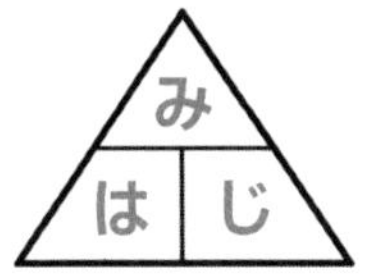

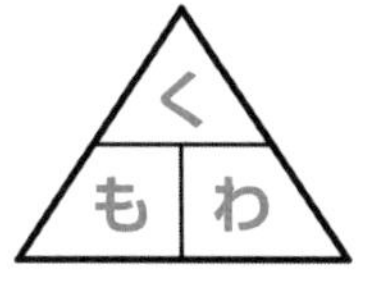

▶ **Quiz**[4]
Triangle の "tri" は "3" の意味,
では "quad" の意味は？

06 DST triangle 問題

(1) How long will it take Simon to jog a distance of 15 miles if Simon jogs at a steady speed of 6mph.
(2) Make a round trip on the same road. Going 60 km/h, returning 20 km/h. Find the average speed.

(解答は巻末)

▶ **Answer**[4] 4

keyword 07

Elementary Mathematics

どの国でもあると思いますが，その国で常識だと思われていることが，世界に目を向けたときに常識ではない，実はおかしいと感じることがよくあります．日本の教育関連で思いつくことをいくつか挙げてみると，

・年度始めが４月である．
・小学生だけがランドセルを使う．
・三学期だけ期間が短い．
・国立なのに女子大がある．
・教科名を小学校では「算数」，中学校以上では「数学」という．

etc....

▶ **Quiz**5
「数学」は英語で mathematics，
または省略して math といいますが，
小学校の教科名「算数」は英語でなんというでしょう？

逆にこの単語を英和辞典で調べると，算数の他に，算術，計算などの意味がありますが，算数以外の意味の方が近いように思われます．

しかも，この単語は英語圏で「算数」という意味にはとられないようです．日本の「算数」にあたる用語は，ずばり **mathematics** です．小学校で学ぶ math だと強調するなら **elementary mathematics** となります．ただこれは「初等数学」（大雑把に言えば小中高の数学）という意味にも使われているので，もう少し正確にいうと，**elementary school mathematics** となります．

海外の現地校やインターナショナルスクールの小中高は，六三三制よりも五三四制が多いので，日本の「算数」をもっと正確に言うなら，**mathematics at Japanese elementary school** になるでしょう．

「数について学ぶ」ことなので，小学校でも中学以上でも数学（math）ですよね．中国・台湾や韓国・北朝鮮でも小学校での教科名は「数学」だそう

▶ **Answer**5　辞書には arithmetic とありますが….

です．小学校だけ「算数」という名称を使っているのは日本だけのようです．日本の小学校でも「数学」で良いのではないでしょうか．

よく算数と数学の違いはこうだという，いかにももっともらしい説明をする書籍やサイト等が見られますが，後付けの印象を強く感じます．

平成 29（2017）年改訂の小学校学習指導要領解説では，従来の「算数的」という表現を「数学的」に変え，「数学的活動を通して，数学的に考える資質・能力を育成することを目指す」とし，中高と同じような表現になりました．ところが教科名については，

> 小学校の時に具体物を伴って素朴に学んできた内容を，中学校では数の範囲を広げ，抽象的・論理的に整理して学習し直すことになる。そして，さらに高等学校・大学ではそれらが，数学の体系の中に位置付けられていく。以上のことから，小学校では教科名を「算数」とし，中学校以上の「数学」と教科名を分けている。

と書かれています．しかし，小学校では「具体的」で中学から「抽象的」になるからというのは，教科名を分ける理由にはなりません．具体的な数学もあれば抽象的な数学もあるからです．

文科省の他の文書も「算数・数学」とひとまとめにして述べる場合が多く見られますが，これらをまとめて「数学」だけにすれば，文章もすっきりして読みやすくなるでしょう．

文科省は，世界標準の小中高カリキュラム "International Baccalaureate (IB)" を実施する日本の学校を増やすため，高校の最後の 2 年間のカリキュラム Diploma Program (DP) の 6 教科のうち 4 教科を日本語でできる「日本語ディプロマ」を普及させようとしています．このように教育のグローバル化を目指す中で，小学校だけ「算数」という呼び方を残すのは時代遅れのような気がします．

日本の小学校も教科名を「数学」にするべきだと思います．

「算数・数学」を「数学」に！

keyword 08

Fractional Part

Fraction は分数という意味なので，**fractional part** は分数部分ということになるはずですが，これは **decimal part** とまったく同じ意味に使われていて，分数部分と訳されることは少なく，小数部分または端数部分と訳されています．もともと **fraction** は端数や破片という意味もあるので，端数部分というならまだ頷けますが，小数部分と訳されることが多く，少し違和感があります．でもこれはひとつの意訳と理解すればいいかも知れません．英語のサイトで検索すると，"**decimal part**" よりも "**fractional part**" のほうがより多く現れます．ただし後者は別の意味（図形の一部など）でも登場します．

正の数 x の **integer part / whole part**（整数部分）はガウス記号を使って $[x]$（x を超えない最大の整数），fractional part は $x-[x]$ と定義されています．x の fractional part は $\{x\}$ と表すこともありますから，その表記を使うと $x=[x]+\{x\}$，すなわち $x=$ (integer part) + (fractional part) になります．

例えば，2.236 の integer part は 2，fractional part は 0.236 となり，$\sqrt{5}$ の integer part は 2，fractional part は $\sqrt{5}-2$ になります．記号で表すと，$[2.236]=2$，$\{2.236\}=0.236$，$[\sqrt{5}\,]=2$，$\{\sqrt{5}\}=5-2$ となります．

さて，x が負の数の場合，integer part と fractional part の定義は 3 つもあります．いずれも $x=$ (integer part) + (fractional part) になります．

Definition A.

正の数と同じ定義で，日本ではほとんどこの定義が採用されています．ガウス記号 $[x]$ と同じ意味の floor function（床関数）$\lfloor x \rfloor$ を使うと，integer part が $\lfloor x \rfloor$，fractional part が $x-\lfloor x \rfloor$ と表されます．

例えば，$x=-1.8$ の integer part は $\lfloor -1.8 \rfloor=-2$，fractional part は $-1.8-\lfloor -1.8 \rfloor=-1.8-(-2)=0.2$ になります．

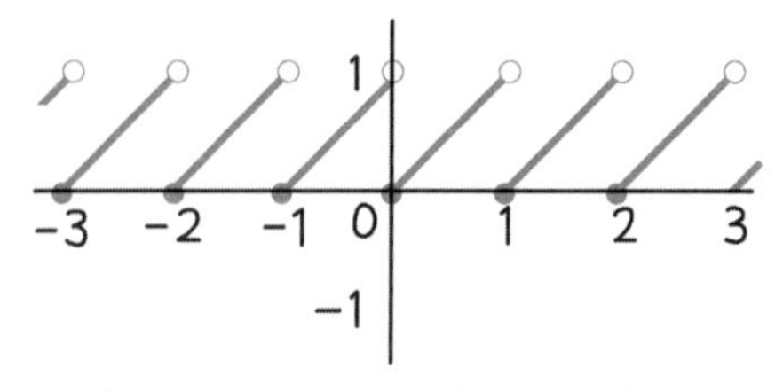

Fractional Part Function by Def. A

Definition B.

Integer part を $\lfloor |x| \rfloor$，fractional part を $|x| - \lfloor |x| \rfloor$，すなわち絶対値で正の数にしてから Definition A と同様にします．正の数はその絶対値が等しいので，正の数もまとめてこの式で表すことができます．

例えば，$x = -1.8$ の integer part は $\lfloor 1 - 1.81 \rfloor = 1$，fractional part は $|-1.8| - \lfloor 1 - 1.81 \rfloor = 1.8 - 1 = 0.8$ になります．

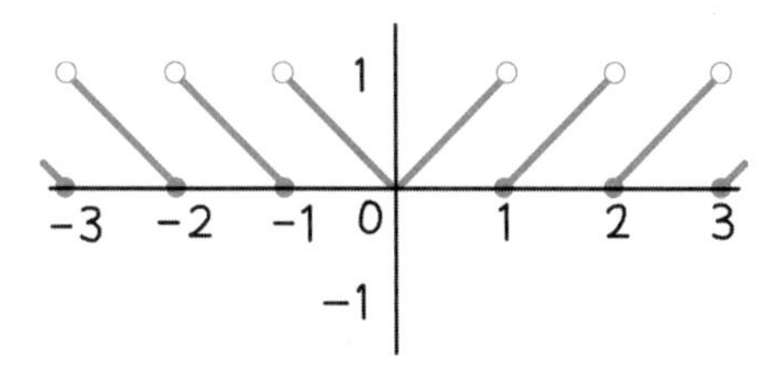

Fractional Part Function by Def. B

Definition C.

負の数の integer part を ceiling function（天井関数）$\lceil x \rceil$（x 以上の最小の整数）で定義し，fractional part は $x - \lceil x \rceil$ と定義します．正の数もまとめて 1 つの式にすれば，$\mathrm{sgn}(x) \cdot (|x| - \lfloor |x| \rfloor)$（ただし $\mathrm{sgn}(x)$ は x の符号）となります．

例えば，$x = -1.8$ の integer part は $\lceil -1.8 \rceil = -1$，fractional part は $-1.8 - \lceil -1.8 \rceil = -1.8 - (-1) = -0.8$ になります．

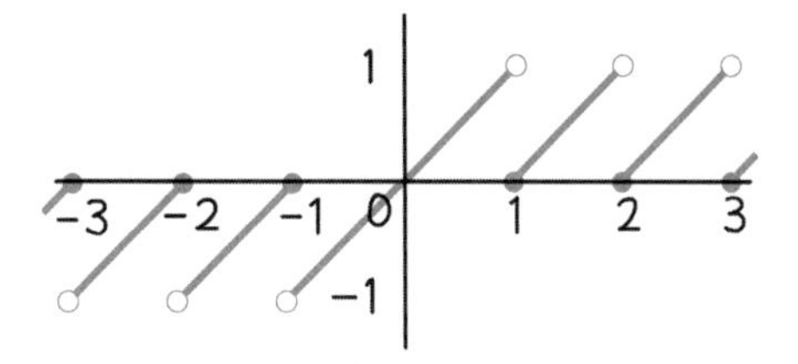

Fractional Part Function by Def. C

以上まとめると，fractional part の 3 種類の定義は次のようになります．

$$\text{Definition A}\quad x - \lfloor x \rfloor$$

$$\text{Definition B}\quad |x| - \lfloor |x| \rfloor$$

$$\text{Definition C}\quad \mathrm{sgn}(x) \cdot (|x| - \lfloor |x| \rfloor)$$

複数の定義があることについて，数式処理システム Mathematica を使用している Wolfram MathWorld の Fractional Part についてのページでは，"there is no universal agreement" と書かれていて，私がよく利用する WolframAlpha や Geogebla では定義 C を採用しています．

08 Fractional Part 問題

Let x be a positive number such that

$x^2 + \{x\}^2 = 27$ $(\{x\}$: the fractional part of $x)$

Find x.

(by BRILLIANT.org)

（解答は巻末）

$[x]$ Gauss

$|x|$ absolute

$\lceil x \rceil$ ceiling

$\lfloor x \rfloor$ floor

似てる！

keyword 09

HCF

2つ以上の数や式の最大公約数は GCD (Greatest Common Divisor) または GCM (Greatest Common Measure) と言いますが，**HCF (Highest Common Factor)** と言う場合もあり，意外によく使われています．以下はあるサイト (Quora.com) の Q&A です．

Q. What is the difference between the HCF and the GCD of two numbers? Is there any difference at all?

A. They are the same. Whereas Highest Common Factor (HCF) is a little bit old-fashioned, but still in use today.
I studied in the UK, and my Discrete Maths teacher (who was 70 years old) used to say that when he was a student, all profs use HCF than GCD and he pointed out that GCD is an American term (he stressed on the rrr in divider).
As I have been taking more lectures in maths, I realised that applied maths lecturers use HCF more than pure maths lecturers.
There is a tendency in which the terminologies of maths standardise, and now I barely heard the term HCF. For myself, I use GCD more than HCF but I still tell people that my old professors prefer the latter.
I simply miss the time when we had diversity of terms.

HCF は，GCD と同じ意味だが少し古い言い方であるとか，純粋数学よりも応用数学によく使われるとかの違いが述べられています．

2つ以上の数や式の共通な因数になる数や式を common divisor または common factor と言うわけですが，実際日本語では，数の場合には公約数，式の場合には共通因数と言うことが多いようです．式の因数分解のときに「共通因数を括り出す」といいますが，「公約数を括りだす」とは言いませんね．以下はあるサイトの因数分解の説明です．

To factorise an algebraic expression, take out the highest common factor and place it in front of the brackets. Then the

expression inside the brackets is obtained by dividing each term by the highest common factor.
(mathteacher.com)

例えば，$3a^4b+12a^2b^3=3a^2b(a^2+4b^2)$ と因数分解できますが，このときの HCF は $3a^2b$ ということになります．

因みに，HCF を直訳すれば「最高共通因数」となりますが，この訳語はあまり見られず，かろうじて「プリンストン数学大全」（朝倉書店 2015 年）で使われているのを見つけることができました．

09 HCF 問題

Find the HCF of 240 and 924.

（解答は巻末）

GCD

GCM

HCF

どれも
同じなんだ！

keyword 10

LHS and RHS

Example 5 **Self Tutor**

Solve for exact values of x: $x^2 + 4x + 1 = 0$

$$x^2 + 4x + 1 = 0$$
$$\therefore\ x^2 + 4x = -1 \quad \{\text{put the constant on the RHS}\}$$
$$\therefore\ x^2 + 4x + 2^2 = -1 + 2^2 \quad \{\text{completing the square}\}$$
$$\therefore\ (x+2)^2 = 3 \quad \{\text{factorising LHS}\}$$
$$\therefore\ x + 2 = \pm\sqrt{3}$$
$$\therefore\ x = -2 \pm \sqrt{3}$$

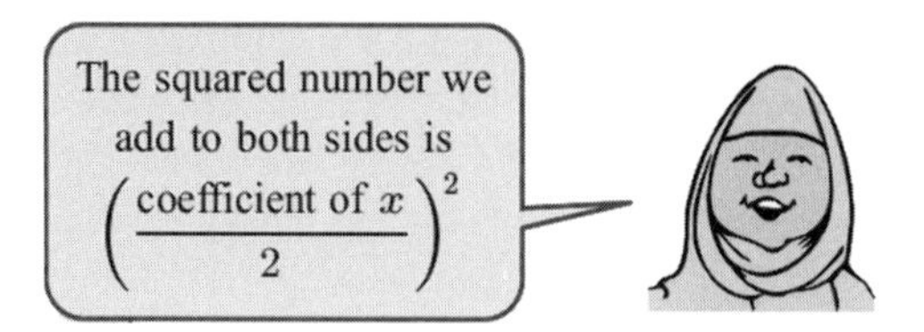

(出典：Haese Mathematics)

この図は英語の教科書の一部ですが，これを見れば **LHS & RHS** の意味が分かるのではないでしょうか．二次方程式を，平方完成を用いて解いています．問題文の solve for exact values は，approximation（近似値）ではない正確な値，すなわちルートや π を使った値を要求しています．

解答の右側の { } の 1 行目は「定数を右辺へ移項する」，2 行目は「平方完成する」，3 行目は「左辺を因数分解する（factorise は UK 式表現）」という意味なので，LHS は左辺，RHS は右辺を意味していると分かります．これらは left-hand side，right-hand side を省略した表現になっています．因みに下の吹き出しは「両辺に加える平方数は x の係数の半分の 2 乗」だと言っています．

長い用語を頭文字だけで表す abbreviation（略語）はよく目にします. 新たにひとつの単語のように読むものを acronym（頭字語）といいますが（29 FOIL Method で登場），アルファベットだけをそのまま読む場合は initialism といいます. LHS & RHS は initialism になります. 他にも数学に関連するものを少し見てみましょう.

SSS, SAS, ASA, RHA, RHS, HL（49 Donkey Theorem, 52 Hypotenuse Leg Theorem で登場）ここにも RHS がありましたね. こちらは right angle hypotenuse side の省略で，三角形の合同条件「直角三角形の斜辺と他の 1 辺が等しい」という意味になります.

SOHCAHTOA（64 SOHCAHTOA で登場する三角比の覚え方），他によく知られたもので, GCD (greatest common divisor= 最大公約数), LCM (least common multiple= 最小公倍数)，QED（quod erat demonstrandum= 証明終り）, SD（standard deviation= 標準偏差）などいろいろ思い浮かびますね. SD は，一般には SD カード（secure digital memory card）が有名ですが, 日本語を initialism にしてしまうタレントの DAIGO さんによると，「外に出る」だそうです（笑）.

他に対になっているものとしては，ODE (ordinary differential equation= 常微分方程式) & PDE (partial differential equation= 偏微分方程式)，FTA (Fundamental Theorem of Algebra= 代数学の基本定理) & FTC (Fundamental Theorem of Calculus= 微分積分学の基本定理) などがあります.

Abbreviations.com というサイトには多数の略語が紹介されています. 数学だけでも 3000 を超えています. そこには，LHS は一つだけだったのに対し，RHS は 3 つありました. あともう 1 つは rectangular hollow section（長方形中空断面）でした. このサイトでたまたま WME=Women and Mathematics Education というのを見つけたので，何だろうと思って調べてみたら，こういう名称の団体であることが分かりました.

keyword 11

Line Graph

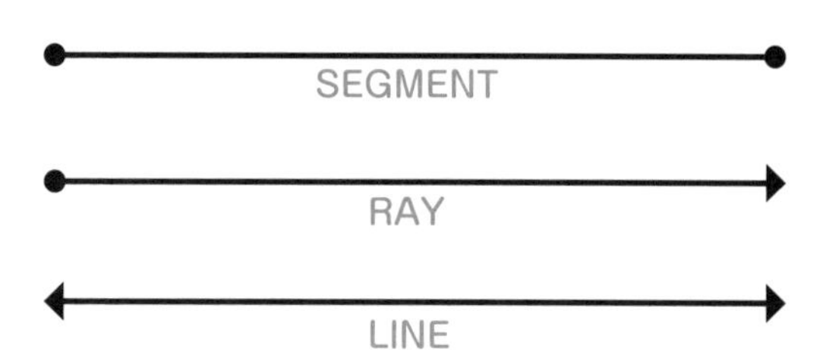

直線は無限の長さを持つ真っ直ぐな線のことをいい，straight line または単に line ともいいますが，一般に line だけなら直線とは限りません．曲線は curved line または curve といい，線分も line segment または segment というので，これらも広い意味で line です．

▶ **Quiz**6
Ray は光線，放射線などの意味がありますが，数学ではどういう意味でしょう？

Graph はだいたい line で描かれているので，**line graph** というと，結局すべての graph を表すのではないか，それならわざわざ line graph といわずに graph だけでいいのではないかと思いますが，実は line graph は折れ線グラフを意味しています．この英語を初めて聞くとまさか折れ線グラフだとは思いませんよね．

折れ線グラフは他にも言い方があって，line chart, polygonal line graph などとも言います．折れ線だけなら polygonal line, broken line とも言いますが，broken line は破線という意味もあります．

▶ **Answer**6　半直線

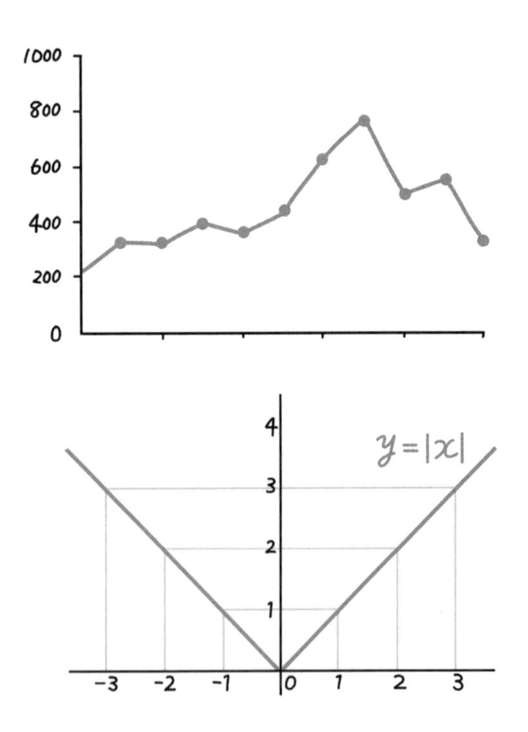

日本の小中高で登場する line graph といえば，上のグラフのように値の推移を区切りごとに表すグラフ，統計分野での frequency line graph（度数折れ線）= frequency polygon（度数多角形），下の $y=|x|$ のような absolute value function（絶対値関数）があります．
因みに，make a line と言えば「列を作る」，全部大文字で LINE といえば多くの人が利用しているコミュニケーションアプリですよね．

11 Line Graph 問題

Draw the graph.

(1) $y=||x|-2|$

(2) $y=||||x-2|-1|-2|-3|$

（解答は巻末）

keyword 12

Long Division

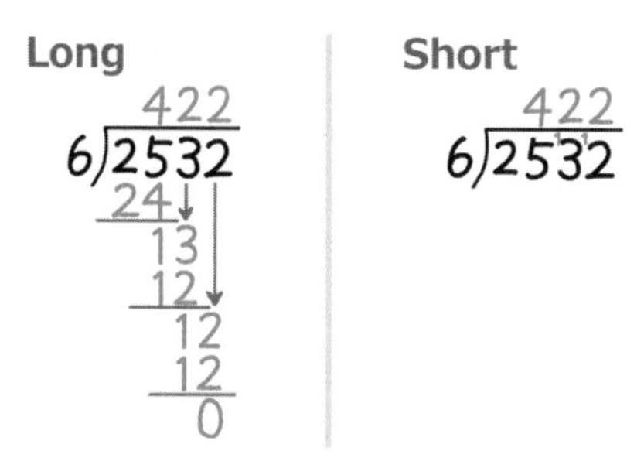

Quotient-remainder theorem（商と余りの関係 or 割り算の原理）より，整数や整式は $A \div B$ に対して商 Q と余り R が必ずあり，

$$A = BQ + R \quad (0 \leq R < B)$$

となることから，この割り算で商と余りを求めることを，Euclidean division（ユークリッド除法）または entire division（整除法）といい，そのための筆算を **long division**（長除法）といいます．Long に対して short division（短除法）は，下に計算を書かない方法です．式の割り算や平方根の開平のための筆算も long division といいます．発音の似た言葉で，Long Vacation は私の好きな大瀧詠一のアルバム，Long Version は私の好きな稲垣潤一の歌です（笑）．

		1	−12	0	−42
	3			3	−39
−1			−1	13	
		1	−13	16	−81

expanded synthetic division

2 次式以上の整式を 1 次式で割るのに筆算より速い方法として，synthetic division（組立除法）が知られていますが，これを拡張して，2 次式や 3 次式で割る方法を expanded synthetic division といいます．例えば 3 次式 $x^3 - 12x^2 - 42$ を 2 次式 $x^2 + x - 3$ で割る場合，図のように計算し，商は $x - 13$，余りは $16x - 81$ を得ます．やり方は guess してみてください．

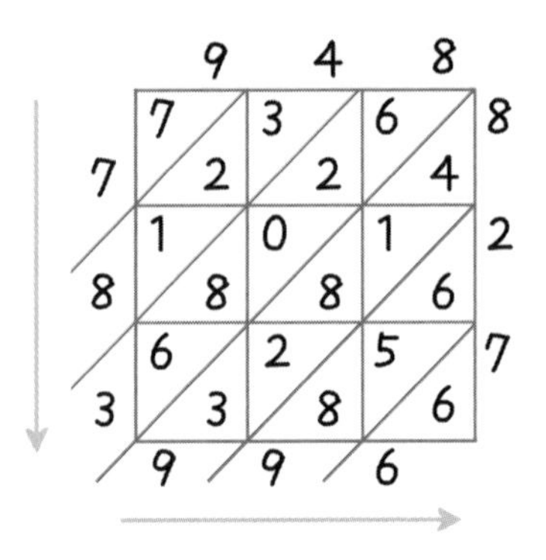

Lattice Method

因みに, 2 数の最大公約数を求める方法として, Euclidean algorithm（ユークリッドの互除法）があります．同様に乗法の筆算を Long Multiplication といいます．他にも手計算で乗法を行う方法に Lattice Method があります．例えば，948 × 827 は図のような格子状の図を描いて 783996 を計算します．やり方は guess してみてください．

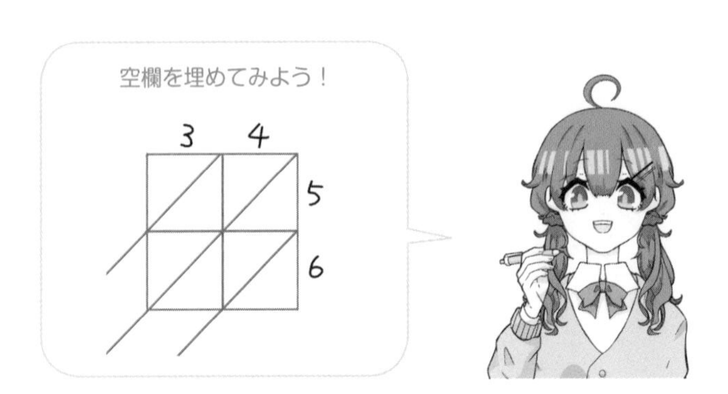

keyword 13

Magnitude

地震のエネルギーの大きさを表すのによく使われる"**magnitude**"という用語は，もともとは「大きさ」という意味で，英語では星の明るさ（等級）や音量（dB デシベル）などにも使われています．日本では地震用語以外に使われることはほとんどないですが，数学では real number（実数），complex number（複素数），vector（ベクトル）などに使われます．

Real number a の magnitude は

$$|a| = a \qquad \text{if } a \geq 0$$
$$|a| = -a \qquad \text{if } a < 0$$

で，real number line（実数直線）上での原点からの距離を表します．これは absolute value（絶対値）または modulus と言われることが多く，関数 $f(x)=|x|$ は absolute value function または modulus function と呼ばれています．

Complex number（複素数）$c=a+bi$ の magnitude は

$$|c| = \sqrt{a^2+b^2}$$

で，complex plane（複素平面）上での原点からの距離を表します．これも absolute value または modulus と言われることが多いです．

2-vector（2 次元のベクトル）$\boldsymbol{v}=(a_1, a_2)$ の magnitude も複素数と同じく

$$|\boldsymbol{v}| = \sqrt{a_1^2+a_2^2}$$

となり，ベクトルの大きさを表しますが，複素数は 2 次元のベクトルとみなせるので同じ式になります．同様に実数も 1 次元のベクトルとみなすことができます．

一般に n-vector（n 次元のベクトル）$\boldsymbol{v}=(a_1, a_2, \cdots, a_n)$ の magnitude は

$$|\boldsymbol{v}| = \sqrt{a_1^2+a_2^2+\cdots+a_n^2}$$

となります．Vector の場合は magnitude と呼ばれることが多く，日本語で

「ベクトルの大きさ」と言いますが,「ベクトルの絶対値」とは言わないので,それぞれ同じ意味なのに用語の使い方は微妙に異なっています．そしてこれらのすべて（magnitude，absolute value，modulus）をまとめて一般化したもので，次の3つの条件を満たすfunction（関数）$f(\boldsymbol{v}) = \|\boldsymbol{v}\|$をnorm（ノルム）といいます．

$$\| \boldsymbol{v} \| = 0 \Leftrightarrow \boldsymbol{v} = \boldsymbol{0}$$
$$\| a\boldsymbol{v} \| = | a || \boldsymbol{v} \|$$
$$\| \boldsymbol{u} + \boldsymbol{v} \| \leq \| \boldsymbol{u} \| + \| \boldsymbol{v} \|$$

Normにもいろいろあり，次式はabsolute-value normといいます．

$$\|\boldsymbol{a}\| = | a |$$

ベクトルの各成分の「平方の和の平方根」はEuclidean norm（2-norm）といって，これはベクトルの大きさにあたります．

$$\| \boldsymbol{v} \|_2 = \sqrt{\sum_{i=1}^{n} |a_i|^2} = \sqrt{|a_1|^2 + |a_2|^2 + \cdots + |a_n|^2}$$

各a_iに$|\ \ |$がついていますが，これはa_iが複素数の場合も考えるからです．「p乗の和のp乗根」として一般化したp-normは

$$\| \boldsymbol{v} \|_p = \sqrt[p]{\sum_{i=1}^{n} |a_i|^p} = \sqrt[p]{|a_1|^p + |a_2|^p + \cdots + |a_n|^p}$$

となり，特に$p = 1$のときはTaxicab norm (Manhattan norm)といって，格子上の2点間の最短経路にあたります．

$$\| \boldsymbol{v} \|_1 = \sum_{i=1}^{n} |a_i| = |a_1| + |a_2| + \cdots + |a_n|$$

さらにpが∞のときはmaximum normといって，n個の$|a_i|$のうちの最大値になります．

$$\| \boldsymbol{v} \|_\infty = \mathrm{Max}(|a_1|, |a_2|, \cdots, |a_n|) \tag{1}$$

この式(1)を証明しておきましょう．$M = \mathrm{Max}(|a_1|, |a_2|, \cdots, |a_n|)$とおくと，$M$は$|a_i|$のうちのひとつなので，$M \leq \| \boldsymbol{v} \|_p$であり，さらに$\frac{|a_i|}{M} \leq 1$なので，

$$M \leq \| \boldsymbol{v} \|_p = (\sum_{i=1}^{n} |a_i|^p)^{\frac{1}{p}} = M \left(\sum_{i=1}^{n} \left(\frac{|a_i|}{M} \right)^p \right)^{\frac{1}{p}} \leq M \cdot n^{\frac{1}{p}}$$

最右辺は $p \to \infty$ のとき M になるので，Squeeze Theorem（はさみうちの原理）より，$\| \boldsymbol{v} \|_\infty = M$ となり，式(1)が証明できました.

アメリカの地震学者Charles Francis Richter（1900-1985）が考案した地震のmagnitude "Richter scale" は，震央から100km離れた標準地震計が記録した最大振幅 I（単位はmicro metre = μm = 10^{-6} m）と標準地震の振幅 I_0（1μm）の比の常用対数をとったもので，次式で計算します.

$$R = \log_{10} \frac{I}{I_0}$$

因みに，星の明るさや音量にも対数が使われています.

13 Magnitude 問題

Early in the century the earthquake in San Francisco registered 8.3 on the Richter scale. In the same year, another earthquake was recorded in South America that was four time stronger. What was the magnitude of the earth-quake in South American?

（解答は巻末）

Magnitudeは
「地震の大きさ」
だけじゃない！

keyword 14

Natural Number

Natural number（自然数）は，用語としては簡単ですが，意外なのはその定義が異なる場合があるということです．日本の学習指導要領で，natural number の定義は positive integer（正の整数）{1, 2, 3, ...} なので，これが当然のように思われますが，場合によっては non-negative integer（負でない整数）{0, 1, 2, 3, ...} を natural number とする場合があります．つまり natural number に 0 を含む場合があるということです．海外の数学教科書には，natural number に 0 を含む場合と含まない場合が混在しています．

ISO = International Organization for Standardization（国際標準化機構）が 2009 年に公表した ISO 80000-2 は，数学記号について定義している国際規格ですが，ここでは次のように書かれています．

2-6.1　ℕ
the set of natural numbers,
the set of positive integers and zero
ℕ = {0, 1, 2, 3, ...}
ℕ* = {1, 2, 3, ...}

この記述から判断するならば，自然数に 0 を含むのが国際標準といえそうです．余談ですが，ISO 80000-2 英語版では "positive integer" なのに Wikipedia 日本語版の "ISO 80000-2" が「正の数」となっていたので，「正の整数」に訂正しておきました．これで修正したのは，たぶん 5～6 回目ぐらい，アカウント登録してからは 2 回目です（笑）．

Whole number も integer（整数），または positive integer（正の整数），または non-negative integer（負でない整数）と説明されることがあり，定義がはっきりしないのですが，英語の本にはよく登場します．この 3 つの定義のどれかを掲載している辞書が多いのですが，THE FREE DICTIONARY だけは 3 つの意味を併記していました．

whole number
1. A member of the set of positive integers and zero.
2. A positive integer.
3. An integer.

Counting number {1, 2, 3, ...} は文字通り「数える数＝計数」ですが，意味は positive integer（正の整数）で，比較的低学年の教科書によく登場します．

On-Line Encyclopedia of Integer Sequences = OEIS（オンライン整数列大事典）には natural number の項目はなく，以下のようになっています．

> A000027 {1, 2, 3, ...}
> The positive integers. Also called the natural numbers, the whole numbers or the counting numbers, but these terms are ambiguous（しかしこれらの用語は曖昧）.
>
> A001477 {0, 1, 2, 3, ...}
> The nonnegative integers.

因みに OEIS の A000045:Fibonacci numbers（フィボナッチ数）は，$F(n)=F(n-1)+F(n-2)$ with $F(0)=0$ and $F(1)=1$ と定義されていますが，Wikipedia では，$F(1)=1$ and $F(2)=1$ が併記されています．これは，数列の初項を 0, 1 のどちらからでも始めていいという意味だと思われます．

また，Wolfram MathWorld では以下のように述べられています．

> 「自然数」という用語は、「正の整数」{1, 2, 3, ...}（OEIS A000027），「負でない整数」{0, 1, 2, 3, ...}（OEIS A001477）の中にあるが，自然数に 0 を含めるかどうかに関する一般的な合意はない．基準となる用語がないため，"counting number"，"natural number"，"whole number" より，"positive integer"，"non-negative integer" という用語を使用することを推奨する．

国立教育政策研究所が 2016 年に実施した「平成 28 年度全国学力・学習状況調査」の中学校第 3 学年数学 A にこんな問題が出てしまいました．

> 1 (2) 次のア～オまでの中から自然数をすべて選びなさい．
>
> ア −5　イ 0　ウ 1　エ 2.5　オ 4

正答例はウとオなんですが，海外で教育を受けた帰国生の中にはイも正解として答えた生徒もいるはずです．気になったので主催者にこのことを説明して何らかの考慮をしないのか問い合わせてみましたが，案の定「正答例の通りで，特に考慮はしない」との回答でした．

keyword 15

Oneth

「1番目という意味なら，**oneth** じゃなくて first でしょう」といいたくなりますね．さすがに1番目を oneth とはいいませんが，21番目 (twentyfirst) を，非標準ながら twenty-oneth といったり，数列などで n+1番目 (n plus first) を n plus oneth といったりする場合があります．

分数の分母に使われる場合は，例えば $\frac{1}{21}$ (one twenty-first), $\frac{2}{21}$ (two twenty-firsts) を，one twenty-oneth, two twenty-oneths ということもあります．しかし，分数は one over twenty-one とか one divided by twenty-one とかいう方がずっと簡単ですよね．

また，oneth 単独では $\frac{1}{1}$ という意味にも使われます．分数の割り算で，「$\frac{1}{2}$ で割ることは，$\frac{2}{1}$ をかけることに等しい」と表現するとき，整数の2をあえて $\frac{2}{1}$ と表し，two oneths といういい方ができます．

一の位（桁）は units place(/digit) または ones place, 十の位は tens place, 百の位は hundreds place といいます．小数点以下は，十分の一の位が tenths place，百分の一の位は hundredths place というので，一分の一の位は oneths place といえそうですが，$\frac{1}{1}$ は1と一致するので，この位はありません．つまり，ones place（一の位）の下は，decimal point（小数点）をはさんで tenths place（十分の一の位）になります．

15 Oneth 問題

You can have decimal oneths. Is this true or false?
(by ProProfs quiz maker)

（解答は巻末）

keyword 16

PEMDAS / BODMAS

これは Order of Operations（演算の優先順位）です．三角比の SOHCAHTOA と違い，地域によって異なる覚え方があります．

<USA>

PEMDAS（ペムダス）

Parentheses（括弧），**E**xponents（累乗），**M**ultiplication（掛け算），**D**ivision（割り算），**A**ddition（足し算），**S**ubtraction（引き算）

よく教えられる覚え方 "**P**lease **E**xcuse **M**y **D**ear **A**unt **S**ally"

<UK 系>

BODMAS（ボドゥマス）または　BIDMAS（ビドゥマス）

Bracket（括弧），**O**rder/Indices（累乗），**D**ivision，**M**ultiplication, **A**ddition, **S**ubtraction

<CANADA / NZ>

BEDMAS（ベドゥマス）

Bracket, **E**xponents, **D**ivision, **M**ultiplication, **A**ddition, **S**ubtraction

このようにいくつかの単語の頭文字を並べて新しい単語になったものを acronym（頭字語）といいます．ただこのままの順番だと，×と÷に，または＋と－に優先順位があるような誤解を生む可能性があるので，正確には以下のように解釈しなければいけません．

1. まず（　）の中を先に計算
2. 次に累乗を計算
3. ＋－より×÷を優先し，×÷だけの部分は左から右へ計算
   （割り算は「逆数の掛け算」にしても OK）
4. ＋－だけになったら左から右へ計算
   （足す数と引く数をまとめてから計算しても OK）

また，連続する累乗 $a^{b^{c}}$ を，このように右肩に小さい数字を書いていく場合は最も右上から順に計算しますが，a^b^c のように表す場合は，2 通りの計算順序があって国際的な同意は得られていません．

例えばMathematicaによる計算サイトWolframAlphaでは
2^3^2＝2^(3^2)＝2^9＝512と計算します.

WolframAlpha

2^3^2

Input:

2^{3^2}

Result:

512

また, 世界シェアトップクラスのTI 84 PlusというGDC（グラフ電卓）では2^3^2＝(2^3)^2＝8^2＝64と計算します.

TI 84 Plus

16 PEMDAS/BODMAS 問題

Find the value of $12/3x-3+4$ when $x=2$.

（解答は巻末）

keyword 17

Radicals and Surds

一般に，無理数は irrational number，有理数は rational number といいますが，英語の書籍では、日本の中 3 で学ぶ「平方根」が，"Radicals and Surds" または "Radicals (or Surds)" と表されています．

Radical というと，政治用語の「過激派」とか「急進主義者」という意味をまず思いつきます．もともと radical はラテン語の radix（根）という言葉を語源として「根本的」という意味なのですが，根本的に政治を変えようとする集団のことを radicals と呼んだことからこのような意味にも使われるようになったそうです．

数学用語としての radical は根号のついた数，累乗根（n 乗根）$\sqrt[n]{x}$ という意味があり，$\sqrt[n]{x}$ は普通 "the nth root of x" と読みますが，"x radical n" と読むこともあります．例えば $\sqrt{3}$, $\sqrt{4}$, $\sqrt[3]{5}$ などが radicals です．根号は radical symbol，radical sign，root symbol とも呼ばれています．

Surd の対訳は「根数」または「不尽根数」で，radicals の中で無理数であるもの，すなわち循環しない無限小数になるものをいいます．例えば $\sqrt{4}$ は radical ですが無理数ではないので surd ではありません．一方，$\sqrt{3}$ は radical で無理数なので surd になります．円周率 π やネイピア数 e は根号で表示されない無理数なので，radical でも surd でもありません．

> A radical is a number that is written using the radical sign $\sqrt{\ }$.
> Radicals such as $\sqrt{4}$ and $\sqrt{9}$ are rational since $\sqrt{4}=2$ and $\sqrt{9}=3$.
> Radicals such as $\sqrt{2}$, $\sqrt{3}$ and $\sqrt{5}$ are irrational. They have decimal expansions which neither terminate nor recur. Irrational radicals are also known as surds.
> (Haese Mathematics, MYP Gr.9-10, Radicals and Surds)

Surd という言葉は元々ラテン語の surdus（deaf, silent）から派生したもので，無声音 → 聞こえない → 感覚がない → 不合理 → irrational というわけで，radicals のうち irrational であるものを surd と呼ぶようになったようです．

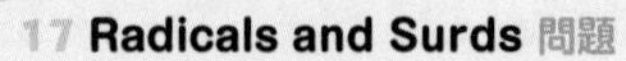

17 Radicals and Surds 問題

(1) Which of the following is a surd?

(a) $\sqrt{64}$　　(b) $\sqrt{18}$　　(c) $\sqrt{100}$

(2) Rationalise the denominator of $\dfrac{5}{4-\sqrt{6}}$

（解答は巻末）

One More Word

GDC

Graphic Display Calculator（グラフ電卓）のことです．関数電卓にグラフを描く機能がついています．IB（international baccalaureate 国際バカロレア）が採用されている多くの international school をはじめ，世界中の学校で授業にも試験にも使われています．

keyword 18

Radix Point

実数の integer part（整数部分）と fractional part（小数部分）を分ける点，すなわち小数点という意味の英語は decimal point だとばかり思っていましたが，この言い方は decimal system（10 進記数法）の場合だけの呼び方でした．確かにもともと deci は，deciliter とか decimeter のように 10 分の 1 という意味ですね．

例えば数字を 0 と 1 しか使わない binary system（2 進記数法）の場合のそれは binary point（2 進小数点）といいます．従って，正確にいうと decimal point は 10 進小数点ということになります．そして，これら n 進小数点をまとめて **radix point**（基数点）といいます．

Radix Point

binary point
↓

$$
\begin{aligned}
1101.101_2 &= 1\times 2^3+1\times 2^2+0\times 2^1+1\times 2^0+1\times 2^{-1}+0\times 2^{-2}+1\times 2^{-3} \\
&= 1\times 8+1\times 4+0\times 2+1\times 1+1\times 0.5+0\times 0.25+1\times 0.125 \\
&= 8+4+0+1+0.5+0+0.125 \\
&= 13.625
\end{aligned}
$$

↑
decimal point

Hexadecimal system（16 進記数法）の例も見てみましょう．

Decimal system では 10 個の数字 0, 1, 2, 3, 4, 5, 6, 7, 8, 9 を使いますが，hexadecimal system では 16 個の数字 0, 1, 2, 3, 4, 5, 6, 7, 8, 9, A, B, C, D, E, F を使います．A から F は decimal system での 10 から 15 に当たります．なので，例えばhexadecimal system では AB.C もひとつの数を表しています．これを decimal system で表すと次のようになります．

$$\mathrm{AB.C}_{16} = 10\times 16^1+11\times 16^0+12\times 16^{-1} = 160+11+\frac{12}{16} = 171.75$$

AB と C の間の点は hexadecimal point（16 進小数点），171 と 75 の間の点は decimal point，そしてこれらは両方とも radix point ということになります．

もともとラテン語である radix は，根とか根源という意味があり，英語では root に相当します．数学で radix は（記数法・対数などの）基数（または底）という意味で使われています．例えば，10 進記数法の radix は 10 で，2 進記数法の radix は 2，常用対数 $\log_{10} x$ の radix は 10 となります．

因みに，平方根を表す radical symbol（根号$\sqrt{\ }$）は，radix の頭文字の r を変形したものであるといわれています．上に横棒を引くのはデカルトが始めたそうです．

16 Radix Point 問題

Fill the blanks.

Decimal	Binary	Hexadecimal	Base7
0.25			
		AB.C	

（解答は巻末）

keyword 19

Rise Over Run

$$\text{Slope } m = \frac{\text{vertical change}}{\text{horizontal change}} = \frac{\text{rise}}{\text{run}}$$

英語で分数

$$\frac{a}{b}$$

は "a over b" とか，"a divided by b" と読みます．この **rise over run** は，分数

$$\frac{\text{rise}}{\text{run}}$$

のことで，直訳すれば「登り／走り」となりますが，意味はグラフでいうと，"vertical change / horizontal change"（垂直方向の変化／水平方向の変化），または「y 軸方向の変化量／ x 軸方向の変化量」，または「y の増加量／ x の増加量」．さらに言い換えると，正比例の constant of proportionality（比例定数），一次関数の slope or gradient（傾き），関数の rate of change（変化の割合）または average rate of change（平均変化率），グラフの secant line（割線）の傾き，運動では average velocity（平均の速度）を意味します．

動画サイトで関連のものを探したら，Slope = Rise over Run "You have to RISE before you RUN. " というのがありました．やはり，英語で分数は上から読むからでしょう．

因みに，接線は tangent line，微分係数（瞬間変化率）は instantaneous rate of change といいます．

keyword 20

Sig Figs

これは **significant figures** の省略形で，s.f. とも表します．Significant（重要な，意味のある，著しい）と figure（図，形，姿，人物，数字）を合わせて訳すなら，「意味のある図」または「意味のある数字」かなと思いますが，これは後者の意味を持つ「有効数字」のことをいいます．

例えば 123456 という値を，3 significant figures（有効数字 3 桁）で近似するという場合，上から 3 桁を有意な数として，4 桁目を四捨五入し，decimal notation（10 進表記）では 123000，または scientific notation（科学表記）なら 1.23×10^5 と表します．

Sig figs rules

① 0 でない数字はすべて有効数字である

例　123.45 の有効数字は 1, 2, 3, 4, 5 の 5 桁

② 0 でない数字の間の 0 は有効数字である

例　101.1203 の有効数字は 1, 0, 1, 1, 2, 0, 3 の 7 桁

③ 0 でない数字の前が全ての 0 の場合，前にある 0 は有効数字ではない

例　0.00052 の有効数字は 5, 2 の 2 桁

④ 小数点以下の 0 は有効数字である

例　12.2300 の有効数字は 1, 2, 2, 3, 0, 0 の 6 桁

⑤ 小数点なしの数の 0 でない数字の後の 0 は有効数字である場合とない場合がある

例　2000 の有効数字は次の 4 つの場合が有り得る

a) 2100 を四捨五入後 2000 を得た場合の有効数字は 2 だけ
b) 2020 を四捨五入後 2000 を得た場合の有効数字は 2, 0
c) 2003 を四捨五入後 2000 を得た場合の有効数字は 2, 0, 0
d) 2000.4 を四捨五入後 2000 を得た場合の有効数字は 2, 0, 0, 0

この figure という用語を「図」という意味で用いる場合，"The statistics are shown in figure 3" なら，「その統計は図 3 に示されている」という意味になります．また significant という用語はなしで，単に double figures なら 2 桁（の数）という意味になります．また figure は計算という意味もあり，"do figures" は「計算する」という意味にもなります．

因みに，人形のことも figure といいますが，これは人物の形をしたものという意味から来ています．また，figure skating の figure は図形という意味で，元々氷上に図形を描くという競技でしたが，その語源となった種目の compulsory figures（規定）は 1990 年に廃止され，今は short program と free skating だけになっています．

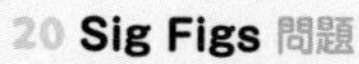

20 Sig Figs 問題

Find, correct to 3 significant figures, the volume of the solid of revolution formed when these functions are rotated through 360° about the x-axis:

a) $y = x^3(x^2+1)$ for $1 \le x \le 3$

b) $y = e^{\sin x}$ for $0 \le x \le 2$

（解答は巻末）

四捨五入して 1500 になる元の数は？

1501？ 1510？ 1500.4？

keyword 21

Take off

飛行機が離陸する．

Airplane takes off.

このように **take off** は「離陸する」という意味がすぐに思い浮かびますが，他に「脱ぐ」，「外す」などの意味もあります．

▶ **Quiz**[7]

take off one hundred
はどういう意味でしょう？

つまり，take off は（数を）引くという意味にも使われます．四則演算には，add（足す），subtract（引く），multiply（掛ける），divide（割る）がよく登場します．引き算は minus や deduct も使われますが，さらに take off も使われます．

英国で 2010 年～ 2016 年に活躍した One Direction の "What Makes You Beautiful" という曲の替え歌 "Math Song" の歌詞に四則演算が含まれていて，この用語が出てきます．以下はその計算部分の抜粋です．上から順に，出た答に対してその次の計算をしていきます．最後にいくらになるでしょう？

half of four
add two threes
multiply by 60
add two
take off one hundred
add on 24
divide by two
add on seven more
divide the sum by three
add on the age of this OAP

最後の OAP は高齢年金者 (Old Age Pensioner) の略で，60 です（日本で

▶ **Answer**[7]　100 を引く

はもう60歳での年金支給はありませんね)．計算を確かめてみましょう．

half of four　$4 \div 2 = 2$
add two threes　$2 + 3 + 3 = 8$
multiply by 60　$8 \times 60 = 480$
add two　$480 + 2 = 482$
take off one hundred　$482 - 100 = 382$
add on 24　$382 + 24 = 406$
divide by two　$406 \div 2 = 203$
add on seven more　$203 + 7 = 210$
divide the sum by three　$210 \div 3 = 70$
add on the age of this OAP　$70 + 60 = 130$　←正解

この他にも，例えば$2 \times 3 = 6$は，two multiplied by three is sixというよりも，two times three is sixという方が簡単でよく使われています．

日本の九九の表も，正式にはmultiplication tablesといいますが，もっとカジュアルにはtimes tablesといいます．しかも，9×9まででではなくて，英国系では12×12まであります．

因みに，理系の論文作りによく使われる組版処理システム「LaTeX（ラテフ)」では，＋と－はそのままの記号を使いますが，×は\times，÷は\divが使われています．また，電卓，アプリ，ウェブサイト等では÷という記号はあまり使われず，/ (Slash)や分数の形が使われることが多いですね．つまり$2 \div 3$よりも2/3，$\frac{2}{3}$と表される方が多いです．どれもtwo divided by threeと読みますが，分数ならもっと簡単にtwo over threeとかtwo thirdsとも読みます．

このように四則演算だけでもいろいろな表現がありますから，いろいろな用語の使い方を知っていなければ理解できない場合があります．

英国系の九九は
12 × 12まで！

keyword 22

Vinculum

「分数の分子と分母の間の線」にも名前があります．日本では日頃あまり意識しないし，使うこともないのですが，実は２通りの呼び方があります．

① **vinculum**（括線）
② fraction bar（分数線）

ところが，これらは他にもいろいろな意味があるので話が少々ややこしくなります．

まず以下の横線部分はすべて vinculum と呼ばれています．

1. radical（根号）$\sqrt{12345}$
2. repeating decimals（循環小数）$0.\overline{123}$
3. line segment（線分）$\overline{AB}$
4. complex conjugate（共役複素数）$\overline{z_1+z_2}$
5. negation of a logical expression（論理式の否定）$\overline{A \wedge B}$

さらに，$3-(2+1)=3-\overline{2+1}$ のように，括弧の代わりに使うこともできるようですが，この使い方はほとんど見ることがなく，YouTube で探したらインドのものばかりでした．

つまり，vinculum は「分数の分子と分母の間の線」というよりは，その線の下の数式や文字式を括（くく）っている線（括線）のことだということになります．

▶ **Quiz**[8]

$\frac{3}{4}$ は英語で何と読むでしょう？
正しいものをすべて選びなさい.

① three quarters　② three over four
③ three divided by four　④ three by four
⑤ quotient of three and four
⑥ ratio of three to four　⑦ three fourths

じゃあ vinculum ではなく，fraction bar の方が直訳で分かり易いのかなと思ったら，これも主には次の図のような長方形を分割して分数を表したもののことをいいます．小学生の分数計算の学習によく使われているものですが，これにはさらに別名があって，fraction strips（日本語では「分数タイル」）とも呼ばれています．ということは，vinculum も fraction bar も「分数の分子と分母の間の線」という意味を持つが，よく使われる別の意味もあるということです．ややこしいですね.

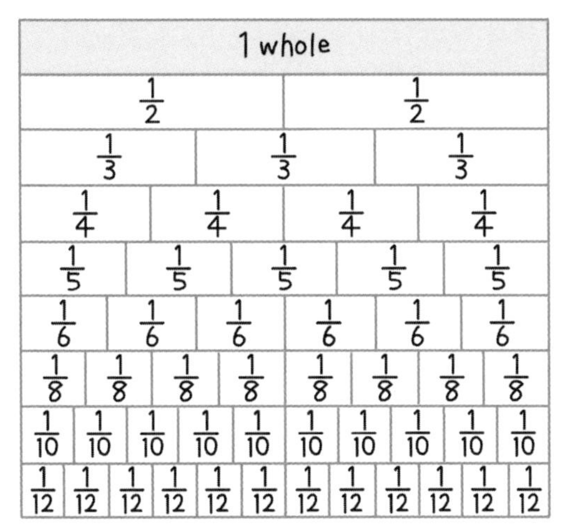

Fraction Bars

▶ **Answer**[8]　すべて正解.（ただし，three by four は 3 × 4 を意味する場合もあります．divided by，multiplied by を by だけに省略した形です．読み方ですから式を見て判断できます）

因みに，日本語で括線（かっせん）と同じ読みの数学用語である割線は，円や曲線のグラフ上の2点を通る直線のことで secant といいますが，この secant も reciprocal circular functions（割三角関数）の secant（正割）$\sec x = \dfrac{1}{\cos x}$ という別の意味もあります．

さらに数学用語でない「かっせん」は他にもあり，cock（活栓）は管などを開閉するもの，live line（活線）は電流の通じている電線，battle（合戦）は雪合戦などのような「戦い」を意味します．

22 vinculum 問題

Express $0.\overline{1} + 0.\overline{12} + 0.\overline{123}$ as a fraction and decimal.

（解答は巻末）

$0.\overline{123} = 0.\dot{1}2\dot{3}$

$= 0.123123123\cdots$

循環小数！

Chapter 2

Algebra
【代数】

文字式や方程式,
数列などで登場する
意外な数学英語を紹介しています.

keyword 23

Babylonian Method

これは平方根の近似値を求めるアルゴリズムです．例えば，$\sqrt{5}$ の推測値として最初に $a=2$ とおいて，次の計算をします．

$$\frac{1}{2}\left(a+\frac{5}{a}\right)$$

この計算で得た値を新たに a とおいて，同じ計算を繰り返します．

$$\frac{1}{2}\left(2+\frac{5}{2}\right)=\frac{9}{4}=2.25$$

$$\frac{1}{2}\left(\frac{9}{4}+\frac{5}{\frac{9}{4}}\right)=\frac{161}{72}=2.236111111\cdots$$

$$\frac{1}{2}\left(\frac{161}{72}+\frac{5}{\frac{161}{72}}\right)=\frac{51841}{23184}=2.236067978791\cdots$$

$\sqrt{5}=2.236067977499\cdots$なので，3 回の計算で驚くほど速く $\sqrt{5}$ に近づいたことが分かります．この方法は **Babylonian Method** または Hero's method（Hero はあのヘロンの公式のヘロンと同一人物）と呼ばれています．

この式をよく見ると，a と $\frac{5}{a}$ の arithmetic mean（算術平均＝相加平均）を求める式になっています．面積が s になる長方形の 1 辺を a とすると，他の 1 辺は $\frac{s}{a}$ になるので，これらの算術平均を新たな a として同じ計算を繰り返すと，正方形の 1 辺に近づいていくというわけです．

一般に $\sqrt{s}$ を求める場合を漸化式で表せば次式になります．

$$x_{n+1}=\frac{1}{2}\left(x_n+\frac{s}{x_n}\right)$$

極限では x_{n+1} も x_n もほぼ同じなので，その値を α とおいて上式に代入すると，

$$\alpha=\frac{1}{2}\left(\alpha+\frac{s}{\alpha}\right)$$

整理すれば，$\alpha^2 = s$　すなわち，$\alpha = \pm\sqrt{s}$ となります．

これは 17 世紀頃に発見された Newton's Method（ニュートン法）

$$x_{n+1} = x_n - \frac{f(x_n)}{f'(x_n)}$$

に $f(x) = x^2 - s$ を当てはめた式と同じになりますが，もちろん，Babylonian Method の方がずっと早くに知られていたことになります．

急速に近似する様子を確かめるものを GeoGebra（グラフ図形描画アプリ）でつくってみました．

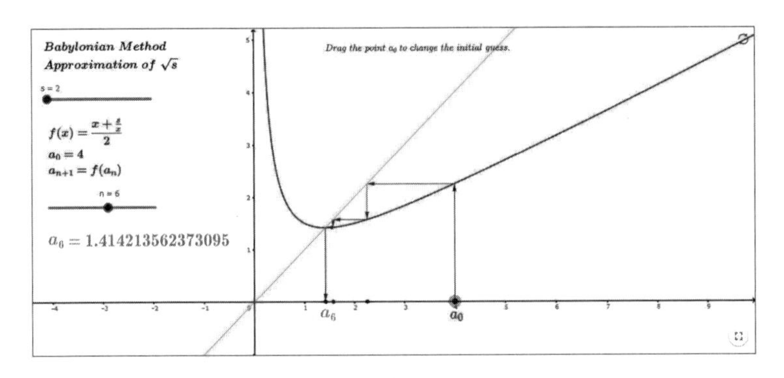

推測値 4 として $\sqrt{2}$ に近づく様子

因みに，平方根の近似値を求める方法は，小数点から 2 桁ずつ区切って割り算のようにする方法 extraction of square root（開平法）がよく知られています．

```
              1. 4  1
 1           √2.¦00¦00
 1            1
 ------------------------
 2 4          1 00
   4            96
 ------------------------
 2 8 1          4 00
     1          2 81
 ------------------------
 2 8 2          1 19
```

$\sqrt{2}$ の開閉

keyword 24

Closure Property

いきなりクイズです.

▶ **Quiz**[9]

日本の高校数学Ⅲの教科書に登場する平均値の定理は次の誰の名前がつくでしょう？

①ロル　②ラグランジュ　③コーシー　④テーラー

日本の教科書では数学用語として名前の出てこない概念や定理・公式などが，実は英語ではちゃんと名前があるという場合があります.

■発見者の名前がついていない例

Lagrange's mean value theorem（ラグランジュの平均値の定理）

平均値の定理はいくつかあります. その中で日本の高校数学Ⅲで登場する,「グラフ上の２点を結ぶ割線と等しい傾きを持つ接線がその間に存在する」という定理が「ラグランジュの平均値の定理」です.

Varignon's theorem（バリニョンの定理）

日本の中学数学２で出てくる「任意の四角形の各辺の中点を結んでできる四角形は平行四辺形になる」という定理です.

■用語として使われていない例

Scientific Notation（科学表記）

例えば1.23×10^4のような数の表し方（2021年度からの学習指導要領で中１で学ぶ内容から中３で学ぶ内容に移りました）をいいますが，日本の教科書では「(整数部分が１けたの数）×（10の累乗）の形」という言い方をしています.

Closure property も用語として使われていない例になります．日本語で「閉性」というので直訳で伝わりますが，日本の教科書では中学数学１と高校数学Ⅰで２回も登場するのに，この用語が使われていないというのが意外なのです.

▶ **Answer**[9]　②ラグランジュ

例えば，整数×整数の結果は必ず整数になるので，このことを "the set of integers is closed under multiplication（整数の集合は掛け算について閉じている）" といいます．逆に，整数÷整数の結果は整数になるとは限らないので，"the set of integers is not closed under division（整数の集合は割り算について閉じていない）" といいます．

このような性質を **closure property**（閉性）というのですが，日本の教科書にはこの用語は出てこず，「数の範囲と四則計算の可能性」といって，closed のことを「この範囲でいつでも計算できる」「その範囲で常に計算できる」というような言い方をしています．operation of arity two（2 数の演算）の結果がまたその 2 数の属する集合の元になるという意味なので，この表現には少し違和感を感じますね．

このように 2 数（ある集合の元 2 つ）から 1 つの数（ある集合の元 1 つ）が得られる演算を，代数学では binary operation（二項演算）といい，一般には 2 つの集合 A, B の Cartesian product（デカルト積）
$A \times B = \{(a, b) \mid a \in A,\ b \in B\}$ からその演算結果の集合 $C\{c \mid c \in C\}$ への mapping（写像）で定義されます．例えば $2 \div 3 = \frac{2}{3}$ という計算は，(2, 3) を $\frac{2}{3}$ に対応させており，この場合は，整数の集合と整数の集合のデカルト積 $\mathbb{Z} \times \mathbb{Z}$ から有理数の集合 $\mathbb{Q}$ への mapping になっています．

「ある集合が，ある演算について閉じている」という場合は，$A = B = C$ のときをいい，例えば上の整数の集合 $\mathbb{Z}$ では，足し算，引き算，掛け算の結果がまた整数になるので，これら 3 つの演算については閉じているといえます．文献によっては，このように閉じている場合だけを binary operation という場合があります．

代数学は，以上の事柄を基本として，単位元，逆元の存在，ひとつの演算についての交換法則，結合法則，2 つの演算についての分配法則を用いて，群，環，体という概念を定義し，3 次，4 次，5 次方程式解法の理論へと発展していきます．

24 Closure Property 問題

Is the set $\{-1, 1\}$ closed under addition, subtraction, multiplication and/or division?

（解答は巻末）

keyword 25

Continued Square Roots

Continued Square Roots は直訳すると連続平方根となりますが，連続根号数とも訳されています．Wolfram MathWorld で探すと，Nested Radical（多重根号）に Link され，次の式が書かれていますが，これは正確にいうと Infinite Nested Radical（無限多重根号）ですね．

$$\lim_{k\to\infty} x_0+\sqrt{x_1+\sqrt{x_2+\sqrt{...+x_k}}}$$

もちろん根号の数が有限な例としては $\sqrt{2+\sqrt{3}}$ などがあります．上の式で $x_0=0$ とし，それ以降の $x_k=n$ とすると次式になります．

$$\sqrt{n+\sqrt{n+\sqrt{n+\sqrt{n+...}}}}$$

これが無限に続くとどんな値に近づくのでしょう．

$$\sqrt{n+\sqrt{n+\sqrt{n+\sqrt{n+...}}}}=x$$

とおくと，いちばん外側の $\sqrt{\quad}$ の中の $n+$ 以降は x と等しいので，

$$\sqrt{n+x}=x$$

と考えられ，両辺を平方して移項すると，

$$x^2-x-n=0$$

この解は正の数なので，

$$x=\frac{1+\sqrt{1+4n}}{2}$$

例えば $n=1$ なら，

$$\sqrt{1+\sqrt{1+\sqrt{1+\sqrt{1+...}}}}=x$$

とおくと，

$$\sqrt{1+x}=x$$

となり，両辺を平方して移項すると，

$$x^2 - x - 1 = 0$$

これの正の解は $x = \dfrac{1+\sqrt{5}}{2}$，すなわち黄金比の値になります．

INVESTIGATION 2 **CONTINUED SQUARE ROOTS**

$X = \sqrt{2+\sqrt{2+\sqrt{2+\sqrt{2+\sqrt{2+......}}}}}$ is an example of a **continued square root.**

Some continued square roots have actual values which are integers.

What to do:

1 Use your calculator to show that
$$\sqrt{2} \approx 1.41421$$
$$\sqrt{2+\sqrt{2}} \approx 1.84776$$
$$\sqrt{2+\sqrt{2+\sqrt{2}}} \approx 1.96157.$$

2 Find the values, correct to 6 decimal places, of:

a $\sqrt{2+\sqrt{2+\sqrt{2+\sqrt{2}}}}$　　**b** $\sqrt{2+\sqrt{2+\sqrt{2+\sqrt{2+\sqrt{2}}}}}$

3 Continue the process and hence predict the actual value of X.

4 Use algebra to find the exact value of X.
Hint: Find X^2 in terms of X.

5 Work your algebraic solution in **4** backwards to find a continued square root whose actual value is 3.

Mathematics for the international student Pre-Diploma SL and HL (MYP 5 Plus) Presumed Knowledge for SL and HL courses (HAESE Mathematics)

またこの図のように $n=2$ なら，

$$\sqrt{2+\sqrt{2+\sqrt{2+\sqrt{2+...}}}} = x$$

とおくと，

$$\sqrt{2+x} = x$$

となり，両辺を平方して移項すると，

$$x^2 - x - 2 = 0$$

これの正の解は $x = 2$ となります．図の INVESTIGATION 2 はこの値に近づくことを調べさせています．

25 Continued Square Roots 問題

Find the value of x.

$$\sqrt{6+\sqrt{6+\sqrt{6+\sqrt{6+\ldots}}}} = x$$

（解答は巻末）

One More Word

expression

直訳すると「表現」になりますが，数学では「式」を意味します．
式には numerical expression（数式），linear expression（一次式），proportional expression（比例式）などいろいろあります．algebraic expression（代数式）は，日本語の中高生のテキストでは「文字式」と表されています．等式は equality，方程式は equation，恒等式は identity，公式は formula と使い分けます．

keyword 26

Crisscross Method

変数 x についての trinomial (3 項整式) の x^2 の係数が 1 でないときに

$$Ax^2 + Bx + C = (ax + b)(cx + d)$$

と因数分解をする場合，日本では主に **crisscross method**（たすきがけ）を利用します．cross method ともいいますが，なぜ crisscross なのでしょうか．語源は中世英語の "Crist's cross" で，もともと「キリストの十字架」という意味だそうですが，今では cross と同じように「十字形」「十字交差」という意味で，その形は「＋」または「×」を表します．因みに chemistry（化学）の分野でも crisscross method があり，数学の線形計画法などの optimization（最適化）の分野では crisscross algorithm というものがあります．

日本ではこの形の因数分解で当たり前のようにこの方法を使いますが，海外ではいろいろな方法があります．ここでは

$$Ax^2 + Bx + C = acx^2 + (ad + bc)x + bd$$

すなわち，$A = ac$, $B = ad + bc$, $C = bd$ として話を進めます．なお，A は 0 でも 1 でもない整数とします．

1. 係数 $A = ac$, $B = ad + bc$, $C = bd$ から直接求める方法

いろいろな場合を考えて，やり直しをしながら当てはまる数を見つける方法です．

1.1. Trial and Error Method (Guess and Check Method)

$(ax + b)(cx + d)$ の a, b, c, d の場所を空白にして，当てはまる数を試行錯誤しながら（推測と確認をしながら）求めていきます．最も直接的で，書き直しが多く，時間がかかりそうですが，a と c は A の約数で b と d は C の約数なので，うまく数を見つけられれば速くできます．

1.2. Crisscross Method (Cross Method), Chinese Method

いわゆる「たすきがけ」ですが，これも試行錯誤しながら当てはまる数を求めていきます．詳しくは日本の高校数学Ⅰの教科書を参照してください．

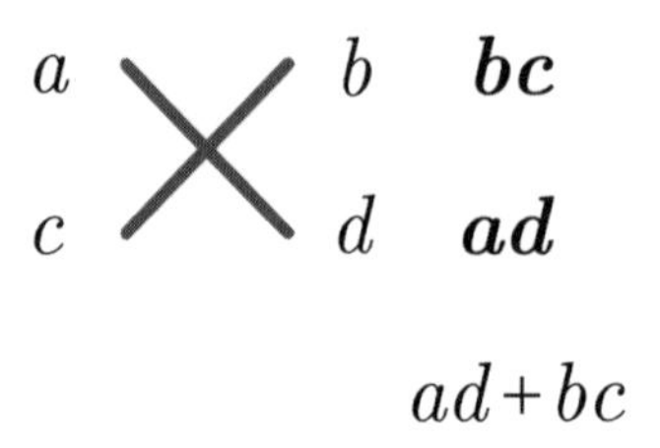

2. 係数 A と C の積 $AC=adbc$ と $B=ad+bc$ から求める方法

まず $AC=adbc$ と $B=ad+bc$ から，「積が AC で和が B になる 2 数」，ad と bc を求めます．これさえ求めればあとは試行錯誤しなくて済むのが大きな特徴です．この後の a, b, c, d の求め方によって，さらに細かく分類することができます．

2.1. Common factor（共通因数）

この方法は以下のように色々な名前で呼ばれています．

AC Method, Grouping Method, Product-and-Sum Method, Un-FOIL Method (Reverse FOIL Method), AC or Middle Term Splitting Method, British Method

見つかった 2 数を使って次のように変形します．

$$acx^2+\boldsymbol{ad}x+\boldsymbol{bc}x+bd=ax(cx+d)+b(cx+d)=(ax+b)(cx+d)$$

例えば！

$$\begin{aligned}&8x^2+22x+15\\=&8x^2+10x+12x+15\\=&2x(4x+5)+3(4x+5)\\=&(2x+3)(4x+5)\end{aligned}$$

2.2. Fraction（分数）

この方法も色々な呼び方があります.

Diamond Method, X Method, X Factor Method, Star Method, Asterisk Method, California Method, Berry Method, Bottoms Up Method, Australian Method, Lizzie Method, ABC Method

図のように ad と bc に，acx や bd を掛けたり割ったりして a, b, c, d を求めます.

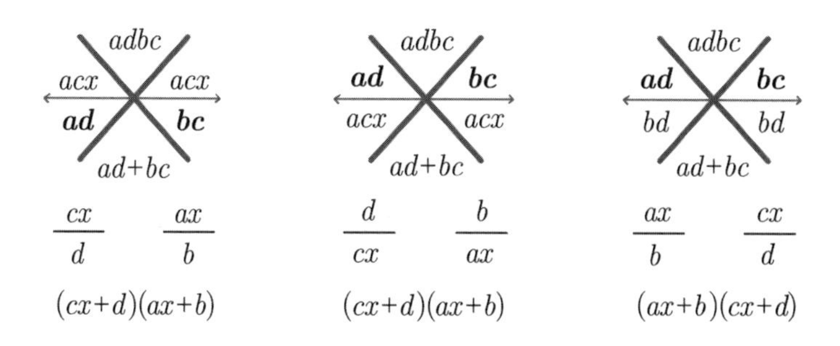

2.3. Area（面積）

この方法もいくつか呼び方があります.

X Box Method, Box Method, Table Method, Umbrella and Box Method

田の字の箱で，4つの小長方形の面積の和が大長方形の面積になるように4つの項を決めます.

GCD	cx	d
ax	acx^2	$\boldsymbol{ad}x$
b	$\boldsymbol{bc}x$	bd

2.4. Table（表）

Tic-Tac-Toe Method

○×を並べていくゲーム"Tic Tac Toe（三目並べ)"と同じような3 × 3の表を使って，図のように値や式を当てはめていきます．左列と中列の積が右列，下段と中段の積が上段になっています．（部分積分にもこう呼ばれる解法があります）

acx^2	bd	$adbcx^2$
ax	d	$\boldsymbol{ad}x$
cx	b	$\boldsymbol{bc}x$

26 Crisscross Method 問題

P.66 の 2.1 の方法で次の式を因数分解せよ．

$$12x^2 - 61x - 16$$

（解答は巻末）

keyword 27

Diophantine Equations

古代ギリシャの数学者 Diophantus（ディオファントス）の墓には彼の生涯を語る文章が書かれていて，それをもとに没年齢を求める一次方程式の応用問題が有名ですが，これはその一次方程式のことではありません．

Diophantine Equations（ディオファントス方程式）は，係数が整数で $ax+by=c$ や $x^2+y^2=z^2$ などの形をした indeterminate equation（不定方程式＝解が無数に存在する方程式）の総称で，他にもいくつかのパターンがあります．この中のひとつ，2012 年からの日本の高等学校「数学 A」に登場した「整数の性質」(2022 年度から廃止）で学んだ $ax+by=c$ の形の不定方程式は，c が a と b の最大公約数またはその倍数のときに整数解 (x, y) が存在し，Bézout's identity（ベズーの等式）と呼ばれています．

簡単な例として，

$$2x+3y=1 \tag{1}$$

の整数解を求めてみましょう．まず簡単な数を代入してみて解を一組見つけます．例えば，

$$2\cdot(-1)+3\cdot1=1 \tag{2}$$

なので $(x, y)=(-1, 1)$ が一組の解になります．(1) から (2) を引くと

$$2\cdot(x+1)+3\cdot(y-1)=0$$

となり，移項すると

$$2\cdot(x+1)=-3\cdot(y-1)$$

になります．ここで 2 と 3 は互いに素（公約数が 1 だけ）だから，$x+1$ は 3 の倍数でないといけないので $x+1=3k$（k は整数）と表すことができ，同様に $y-1=-2k$ と表せます．よって，(1) のすべての整数解の組は

$$(x, y)=(3k-1, -2k+1) \ (k \text{は整数})$$

と表せます．

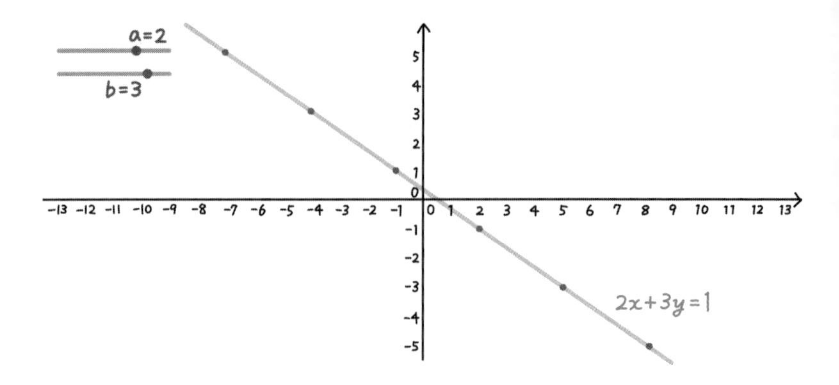

もし最初に見つけた解が(2, −1)なら，同様にして

$$(x,\ y) = (3k+2,\ -2k-1)\ (k\text{は整数})$$

となりますが，kの値が一つずれているだけで同じ解集合を表しています．これはグラフでいうと，直線$2x+3y=1$上の，lattice point（格子点＝座標が整数になる点）を表しています．

ところが，

$$73x+67y=1 \tag{3}$$

のような大きい数になると，一組の解が簡単に見つかりません．そんな時はEuclidean Algorithm（ユークリッドの互除法）を使います．

$$73 = 67\cdot 1+6 \quad \text{より} \quad 6 = 73-67\cdot 1$$
$$67 = 6\cdot 11+1 \quad \text{より} \quad 1 = 67-6\cdot 11$$

右下の式に右上の式を代入すると，

$$1 = 67-(73-67\cdot 1)\cdot 11 = 73\cdot(-11)+67\cdot 12 \tag{4}$$

だから$(x,\ y)=(-11,\ 12)$が一組の解になります．(3)から(4)をひくと

$$73(x+11)+67(y-12)=0$$

となり，移項すると

$$73\cdot(x+11) = -67\cdot(y-12)$$

になります．ここで 73 と 67 は互いに素だから，$x+11$ は 67 の倍数でないといけないので $x+11=67k$（k は整数）と表すことができ，同様に $y-12=-73k$ と表せます．よって，(3) のすべての整数解の組は

$$(x,\ y)=(67k-11,\ -73k+12)\ (k\text{は整数})$$

と表せます．

因みに，碑文の問題は Diophantus's riddle（謎）とか Diophantus puzzle（パズル）などと呼ばれていて，一次方程式の応用問題としても有名ですが，Nintendo DS というゲームの "Professor Layton and Pandora's Box（レイトン教授と悪魔の箱）" の第 142 問目にも登場します．

27 Diophantine Equations 問題

(1) Two farmers agree that pigs are worth 300 dollars and that goats are worth 210 dollars. When one farmer owes the other money, he pays the debt in pigs or goats, with "change" received in the form of goats or pigs as necessary. (For example, a 390 dollar debt could be paid with two pigs, with one goat received in change.) What is the amount of the smallest positive debt that can be resolved in this way?

(A) 5　(B) 10　(C) 30　(D) 90　(E) 210

(2) Jack and Jill visit the cake shop every day, and Jack always buys jam doughnuts, and Jill chocolate éclairs. The jam doughnuts cost 0.95 each and the chocolate éclairs cost 0.97. At the end of the week the non-itemised bill from the cake shop is 42.38. How much must each pay?

（解答は巻末）

keyword 28

Explicit Formula

数列の general term（一般項）は n-th term（第 n 項）ともいいますが，n に数値を代入したら直接 n 番目の項が求められる，つまり求め方がはっきりと示されているので，**explicit formula**（明示的公式）と呼ばれる場合があります．これに対し，recurrence relation（漸化式）のことを recursive formula（再帰的公式）という場合があります．

明示公式と呼ばれるものはいくつかあるのですが，明示公式といえば数学では「リーマンの明示公式」= "Riemann's prime number formula (素数公式)" が有名です．これは x 以下の素数の個数を表す関数 $\pi(x)$ のことなのですが，全く別の難しい式になります．

日本の高校数学の教科書で，数列の項は $a_1, a_2, a_3, \cdots$ で表す場合が多いのですが，英書では $u_1, u_2, u_3, \cdots$ がよく使われ，GDC（グラフ電卓）でも SEQ モード（数列モード）にすると u が使われています．これはある用語の頭文字ではないかなと思って調べてみたら，こんな文章が見つかりました．

> If a sequence is composed of elements or terms it belonging to some set S, then it is conventional to indicate their order by adding a numerical suffix to each term. Consecutive terms in the sequence are usually numbered sequentially, starting from unity, so that the first few terms of a sequence involving u would be denoted by $u_1, u_2, u_3, \ldots$. Rather than write out a number of terms in this manner this sequence is often rep-resented by $\{u_n\}$, where un is the nth term, or general term, of the sequence.

Mathematics for Engineers and Scientists, Sixth Edition (Alan Jeffrey)

というわけで，1 を意味する unity から来ているようです．調べる前は unit ではないかと思ったのですが，当たらずとも遠からずでした．

等差数列は直訳の sequence of numbers with common difference よりも arithmetic progressions（略して APs）または arithmetic sequence（直訳は算術数列）という言い方が多いです．これは等差数列 a, b, c の等差中項 $b = \frac{a+c}{2}$ は arithmetic means（算術平均または相加平均）でもあるからです．

同様に等比数列も geometric progressions（略して GPs）または geometric sequence（直訳は幾何数列）といいます．これは等比数列 a, b, c の等比中項 $b=\sqrt{ac}$ は geometric means（幾何平均または相乗平均）でもあるからです．

28 Explicit Formula 問題

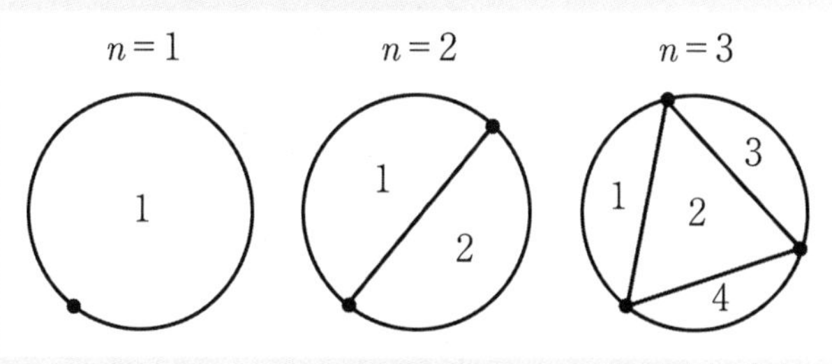

Moser

n points are placed around a circle so that when line segments are drawn between every pair of the points, no three line segments intersect at the same point inside the circle. We consider the number of regions formed within the circle.

a) Draw the cases $n = 4$ and $n = 5$.
b) Use the cases $n = 1, 2, 3, 4, 5$ to form a conjecture about the number of regions formed in the general case.
c) Draw the case $n = 6$. Do you still believe your conjecture?

（解答は巻末）

keyword 29

FOIL Method

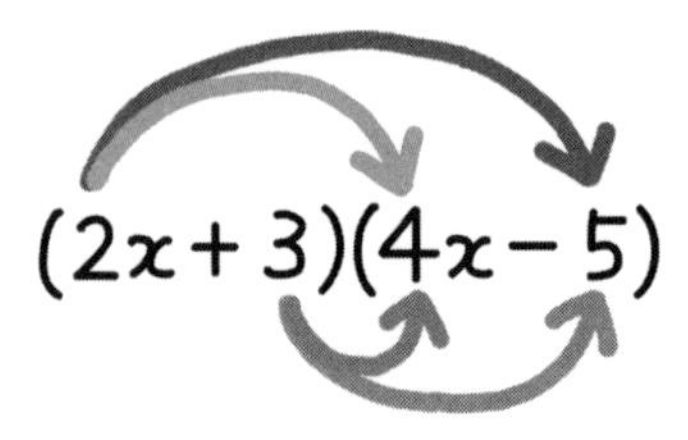

日本の中学数学 3 で学習する binomial（2 項式）同士の積を展開するには次のように計算します．

$$(a+b)(c+d) = ac + ad + bc + bd$$

この計算は，まず **F**irst terms 同士を掛け (ac)，次に **O**uter (ad)，**I**nner (bc)，**L**ast（bd）と計算するので，これらの頭文字をとって **FOIL method** といいます．このような覚えやすい方法を mnemonic といい，このように頭文字をとって新たな単語のように読む用語は acronym（頭字語）といいます．右の計算の続きはこうなります．

$$\begin{aligned}(2x+3)(4x-5) &= 2x \cdot 4x + 2x \cdot (-5) + 3 \cdot 4x + 3 \cdot (-5) \\ &= 8x^2 - 10x + 12x - 15 \\ &= 8x^2 + 2x - 15\end{aligned}$$

この方法は他にも面白い言い方があって，crab claw method ともいいます．直訳すると「カニの爪」ですが，図のように掛けるもの同士を結ぶとカニの爪に見えるというところからこう呼ばれています．日本ではこの計算方法に特別な名前はありません．

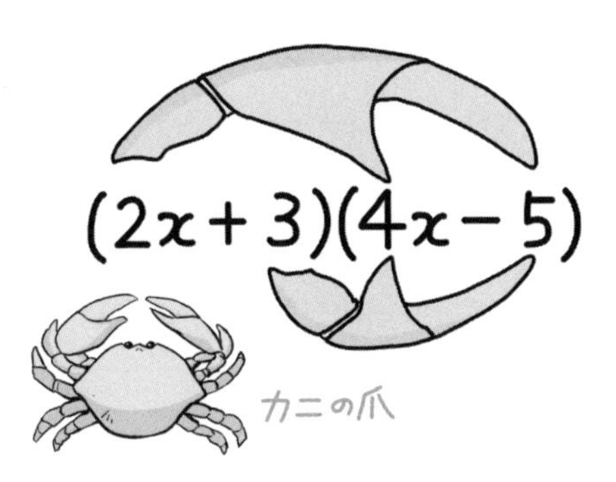

この応用として，binomial theorem（二項定理），trinomial theorem（三項定理），multinomial theorem（多項定理）があります．

二項定理

$$
\begin{aligned}
(a+b)^2 &= a^2 + 2ab + b^2 \\
(a+b)^3 &= a^3 + 3a^2b + 3ab^2 + b^3 \\
(a+b)^n &= a^n + \binom{n}{1}a^{n-1}b + \cdots + \binom{n}{n-1}ab^{n-1} + b^n \\
&= \sum_{k=0}^{n} \binom{n}{k} a^{n-k}b^k
\end{aligned}
$$

ここで各項の coefficient（係数）は，

$$
\binom{n}{k} = \frac{n!}{k!\,(n-k)!}
$$

で得られ，これらを並べると Pascal's triangle（パスカルの三角形）ができます．

$$
\begin{array}{ccccccccccc}
 & & & & & 1 & & & & & \\
 & & & & 1 & & 1 & & & & \\
 & & & 1 & & 2 & & 1 & & & \\
 & & 1 & & 3 & & 3 & & 1 & & \\
 & 1 & & 4 & & 6 & & 4 & & 1 & \\
1 & & 5 & & 10 & & 10 & & 5 & & 1
\end{array}
$$

三項定理（日本の高校教科書ではこれを多項定理と呼んでいます）

$$(a+b+c)^2 = a^2+b^2+c^2+2ab+2bc+2ca$$

$$(a+b+c)^3 = a^3+b^3+c^3+3a^2b+3a^2c+3b^2a+3b^2c \\ +3c^2a+3c^2b+6abc$$

$$(a+b+c)^n = \sum_{i+j+k=n} \binom{n}{i,j,k} a^i b^j c^k$$

ここで各項の係数は，

$$\binom{n}{i,j,k} = \frac{n!}{i!j!k!} = (i,j,k)!$$

で得られ，これらを並べると Pascal's tetrahedron（パスカルの正四面体）または Pascal's pyramid（パスカルのピラミッド）ができます．

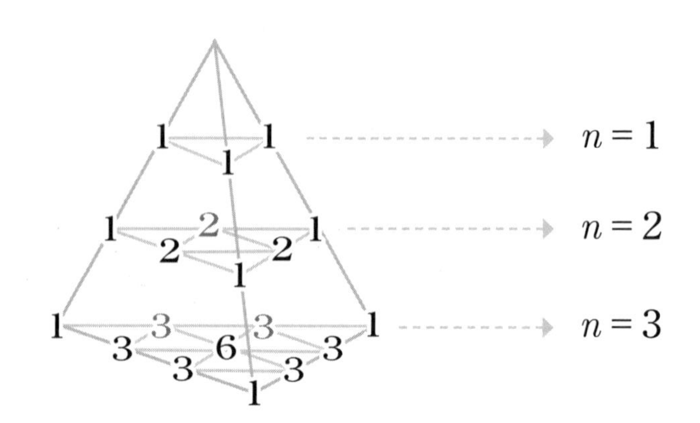

多項定理

$$(a_1 + a_2 + \cdots + a_m)^n = \sum_{k_1+k_2+\cdots+k_m=n} \binom{n}{k_1, k_2, \cdots, k_m} \prod_{1 \leq t \leq m} a_t^{k_t}$$

ここで各項の係数は,

$$\binom{n}{k_1, k_2, \cdots, k_m} = \frac{n!}{k_1! \cdot k_2! \cdots k_m!} = (k_1, k_2, \cdots, k_m)!$$

で得られ，これらを並べると Pascal's simplex（パスカルの単体）ができます．この simplex（単体）とは，0 次元の点，1 次元の線分，2 次元の三角形，3 次元の四面体を n 次元に一般化したものです．

因みに，この foil という単語はもともとあって，金属の薄片，箔を意味します．あまりご縁はありませんが，ネイルアートでは爪に nail foil という薄片を貼りつけて装飾します．台所用品のアルミホイル（アルミ箔）は，実は aluminium foil なので，アルミフォイルと呼ぶべきところです．似たような言葉でアルミホイールといえば車に装備する aluminium wheel になります．

keyword 30

Inside and Outside Function

Inside out は裏返しという意味で，inside and outside は裏表とか内外という意味ですが，数学では **inside function**（内部関数）と **outside function**（外部関数）は composite function（合成関数）を構成する内側と外側の関数のことをいいます．

$$(f \circ g)(x)$$

INSIDE function

OUTSIDE function

すなわち，composite function

$$f(g(x)) = (f \circ g)(x)$$

の，$g(x)$ を inside function，$f(x)$ を outside function といいます．これらの用語は日本の数学書ではあまり見られませんね．

英語の数学書でこれらの用語がよく使われるのは，合成関数の微分の公式，すなわち次の chain rule（連鎖律）の説明のところです．

$$\{f(g(x))\}' = (f \circ g)'(x) = f'(u) \cdot u' = \frac{dy}{du} \cdot \frac{du}{dx}$$

$f(x) = 4(5x^3+2)^6$	
$u(x) = 4x^6$	*u is the outside function.*
$v(x) = 5x^3+2$	*v is the inside function.*
$f'(x) = \underbrace{24(5x^3+2)^5}_{\text{Derivative of outside function with respect to inside function}} \cdot \underbrace{(15x^2)}_{\text{Derivative of inside function with respect to } x}$	*Apply chain rule.*
$= 360x^2(5x^3+2)^5$	*Simplify.*

IB Mathematics Standard Level (Oxford IB Diploma Programme)

これらの用語はプログラミング用語としても使われていて，英語で検索すると数学用語とプログラミング用語の両方で登場しますが，日本語で検索するとほとんどがプログラミング用語として出てきます．つまり数学用語としてはあまり使われていません．

プログラミングではいくつかの処理をまとめたものを関数といいます．例えば，比較的分かりやすいプログラミング言語の Python では，次のように使われます．

```
def outside():
    msg = "Outside!"
    def inside():
        msg = "Inside!"
        print(msg)
    inside()
    print(msg)
outside()
```

すなわち，nested structure（入れ子構造）の内側，外側の関数を意味します．このプログラムを execute（実行）してみると，次の結果を得ます．

```
    Inside!
Outside!
```

これらの用語を見たとき，すぐに思い浮かんだのが 1980 年のこの曲でした．

"Upside Down" (Diana Ross)

Upside down	上下さかさまよ
Boy, you turn me	あなたがそうさせるの
Inside out	もう裏の裏までよ
And round and round	ぐるぐると

（訳：洋楽和訳（lyrics）めったPOPS）

あなたのせいで，私の心はさかさまになって裏返しになってぐるぐる回って大変なのよ！ てな感じですかね（笑）．

30 Inside and Outside Function 問題

Given
that $g(h(x)) = 2x^2 + 3x$ and $h(g(x)) = x^2 + 2x - 2$
for all real x, which of the following could be the value of g(−2)?
(a) 1 (b) −1 (c) 2 (d) −2
(by CAT MATHEMATICS)
（解答は巻末）

One More Word

elimination method

直訳すると「消去法」ですが，日本の中学数学の教科書の simultaneous equations（連立方程式）のところでは「加減法」にあたります．式を加減して一方の変数を消去するので addition and subtraction method という場合もありますが，多くの場合は elimination method と呼ばれています．

keyword 31

Inverse Method

直訳すると「逆の方法」という意味ですが，複数の分野でこの用語が使われています．

Linear Equation（一次方程式）

まず両辺に同じことをして同値関係を保つ「等式の性質」を使って一次方程式を解きます．

① A=B ならば A+C=B+C
② A=B ならば A−C=B−C
③ A=B ならば AC=BC
④ A=B ならば $\frac{A}{C}=\frac{B}{C}$

例えば，次のように一次方程式を解いた場合，

$$2x+5=13$$
$$2x+5-5=13-5$$
$$2x=8$$
$$\frac{2x}{2}=\frac{8}{2}$$
$$x=4$$

(a) 1行目の +5 に対して 2 行目で両辺にその逆をする，すなわち 5 を引く
(b) 3 行目の $2\times x$ に対して 4 行目で両辺にその逆をする，すなわち 2 で割る
以上の方法を **inverse method** といいます．
この意味を理解した後で次のように解くことができます．

$$2x+5=13$$
$$2x=13-5$$
$$2x=8$$
$$x=\frac{8}{2}$$
$$x=4$$

(a) +5 を右辺に移して −5 にする transposing the term（移項）
(b) $2x$ の 2 を右辺の分母に移す

以上の方法を transpose method といいます．

Simultaneous Equation（連立方程式）

簡単な例として，次の2元1次連立方程式

$$\begin{cases} x+y=10 \\ 2x+4y=32 \end{cases}$$

を行列で表して解くと．

$$\begin{aligned} \begin{pmatrix} 1 & 1 \\ 2 & 4 \end{pmatrix}\begin{pmatrix} x \\ y \end{pmatrix} &= \begin{pmatrix} 10 \\ 32 \end{pmatrix} \\ \begin{pmatrix} x \\ y \end{pmatrix} &= \begin{pmatrix} 1 & 1 \\ 2 & 4 \end{pmatrix}^{-1}\begin{pmatrix} 10 \\ 32 \end{pmatrix} \\ \begin{pmatrix} x \\ y \end{pmatrix} &= \begin{pmatrix} 2 & -\frac{1}{2} \\ -1 & \frac{1}{2} \end{pmatrix}\begin{pmatrix} 10 \\ 32 \end{pmatrix} \\ \begin{pmatrix} x \\ y \end{pmatrix} &= \begin{pmatrix} 4 \\ 6 \end{pmatrix} \end{aligned}$$

このように，n元1次方程式が行列で$AX=B$と表されている場合，解Xを求めるのに，左からA^{-1}を掛けて，$X=A^{-1}B$と求める方法も **inverse method** といいます．

▶ **Quiz**[10]
演算の逆は inverse,
では命題の「逆」は
英語で何というでしょう？

▶ **Answer**[10]　Converse

keyword 32

Metallic Mean

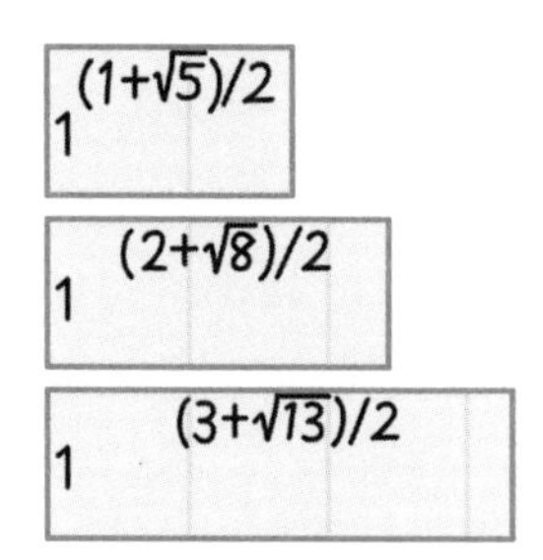

連続する正の整数の **metallic means**（貴金属平均）とは，第 n 項が

$$a(n) = \frac{n + \sqrt{n^2 + 4}}{2}$$

となる数列をいい，貴金属数（metallic numbers/constants）または貴金属比（metallic ratios）とも呼ばれます．これはその数とその逆数との差が正の整数 n になるもの，すなわち方程式

$$x - \frac{1}{x} = n$$

の正の解で，両辺に x を掛けて移項すれば，2 次方程式

$$x^2 - nx - 1 = 0$$

の正の解になっています．始めの 3 項は，

$$a(1) = \frac{1 + \sqrt{5}}{2} = 1.6180...$$

$$a(2) = \frac{2 + \sqrt{8}}{2} = 1 + \sqrt{2} = 2.4142...$$

$$a(3) = \frac{3 + \sqrt{13}}{2} = 3.3027...$$

となり，$a(1)$ は 1 と 2 の間の，$a(2)$ は 2 と 3 の間の，$a(3)$ は 3 と 4 の間の貴金属平均といいます．この $a(1)$ は黄金比 (golden ratio)，$a(2)$ は 白銀比 (silver ratio)，$a(3)$ は 青銅比 (bronze ratio) と呼ばれていて，貴金属平均は黄金比を一般化した数列ともいえます．

（注）英語で ratio は「比」も「比の値」も意味しますので，ここでは便宜上どちらも「比」と呼んでいます．

[黄金比]

黄金比は、正五角形の対角線と辺の比であり，フィボナッチ数（Fibonacci number）の前後の項の比がこの値に近づいていくことが知られています．ここで，フィボナッチ数とは漸化式

$$a(n+2) = a(n+1) + a(n)$$

を満たす数列（直前の 2 項を加えると次の項になる数列）

$$0, 1, 1, 2, 3, 5, 8, 13, 21, 34, 55, 89, 144, \cdots$$

のことで，1-Fibonacci numbers ともいいます．

[白銀比]

白銀比は正八角形の対角線と辺の比であり，ペル数（Pell number）という数列の前後の項の比がこの値に近づいていきます．ここで，ペル数とは漸化式

$$a(n+2) = 2a(n+1) + a(n)$$

を満たす数列（直前の項の 2 倍とその前の項を加えると次の項になる数列）

$$0, 1, 2, 5, 12, 29, 70, 169, 408, 985, 2378, \cdots$$

のことで，2-Fibonacci numbers ともいいます．

[青銅比]

同様に青銅比も，ある数列の前後の項の比がこの値に近づいていきます．この数列は，Neil Sloane という数学者がつくったオンライン整数列大辞典 OEIS（On-Line Encyclopedia of Integer Sequences）というサイト（2022 年 3 月現在で 35 万を超える数列が登録されている）での ID 番号が A006190 である数列で，次の漸化式

$$a(n+2) = 3a(n+1) + a(n)$$

を満たす数列（直前の項の 3 倍とその前の項を加えると次の項になる数列）

$$0, 1, 3, 10, 33, 109, 360, 1189, 3927, 12970, \cdots$$

であり，例えば $\frac{a(9)}{a(8)}$ は $\frac{12970}{3927} = 3.3027\cdots$ と前後の項の比が青銅比に近づき，3-Fibonacci numbers ともいいます．

その後も漸化式

$$a(n+2) = ka(n+1) + a(n)$$

を満たす数列を k-Fibonacci numbers といいます．

また他に Metallic Means Family (MMF) というのがあって，2 次方程式

$$x^2 - x - m = 0$$

の解になっている数があります．$m = 1$ の場合は黄金比ですが，$m = 2$ のときの解は 2 となり，これを copper mean，$m = 3$ のときの解は

$$\frac{1+\sqrt{13}}{2} = 2.8027...$$

となり，これを nickel mean といいます．この copper は純銅で，bronze は青銅です．青銅は純銅とスズとの合金ですが，オリンピックの銅メダルには青銅が使用されています．

因みに貴金属平均ではありませんが，

$$\sqrt{3} = 1.7320...$$

は白金比またはプラチナ比（platinum ratio）と呼ばれています．また，類似するものに plastic number（プラスチック数）というのもあって，これは 3 次方程式

$$x^3 - x - 1 = 0$$

の実数解で，1.3247…になります．

keyword 33

Method of Differences

異なることを同じ用語で呼ぶ場合があります．この **method of differences** という用語は数列において２つの場合に使われます．

そのひとつは，telescoping series（望遠鏡級数または畳み込み級数），すなわち，中の符号の異なる項が次々に消えていき，最初と最後の和で全体の和が求まるような級数，例えば

$$\sum_{k=1}^{n} \frac{1}{k(k+1)} = \sum_{k=1}^{n} \left(\frac{1}{k} - \frac{1}{k+1} \right)$$

のような級数ですが，このような telescoping sum（望遠鏡和または畳み込み和）を用いる方法を **method of differences** といいます．この telescoping は，いくつか半径の異なる鏡筒でできた望遠鏡を畳み込むと最初から最後までの鏡筒がひとつにまとまることから来ています．

一方，difference sequence（階差数列）を考えて一般項を求める方法も **method of differences** と呼ばれています．(a) 初項に階差数列の $n-1$ 項の和を加える方法の他に，(b) 二項定理に似た方法，(c) 連立方程式を用いる方法があります．

(a) 初項に階差数列の $n-1$ 項の和を加える方法

元の数列 $\{a_n\}$ の第１階差数列を $\{b_k\}$ とするとき，$a_n = a_1 + \Sigma b_k$（ただし Σ は $n-1$ までの和）で求めます．第２階差 $\{c_n\}$，第３階差 $\{d_n\}$ まで考えるときも，$\{d_n\}$ から $\{c_n\}$ を求め，$\{c_n\}$ から $\{b_n\}$ を求め，$\{b_n\}$ から $\{a_n\}$ を求めます．

<例１>（第２階差数列が定数列になるとき，もとの数列を２階等差数列といいます）

$\{a_n\}$ 5, 10, 17, 26, 37, ⋯
$\{b_n\}$ 5, 7, 9, 11, ⋯
$\{c_n\}$ 2, 2, 2, ⋯.

$a_n = 5 + \Sigma(2k+3)$（ただし Σ は $n-1$ までの和）
$\quad = n^2 + 2n + 2$

<例2>（3 階等差数列）

$\{a_n\}$ 2, 12, 36, 80, 150, 252, …
$\{b_n\}$ 10, 24, 44, 70, 102, …
$\{c_n\}$ 14, 20, 26, 32, …
$\{d_n\}$ 6, 6, 6, …

$$b_n = 10 + \sum(6k+8)$$
$$= 3n^2 + 5n + 2$$
$$a_n = 2 + \sum(3k^2 + 5k + 2)$$
$$= n^3 + n^2$$

(b) 二項定理に似た方法

$a_1 = a_1$（係数が 1）
$a_2 = a_1 + b_1$（係数が 1, 1）
$a_3 = a_2 + b_2$
$= a_1 + b_1 + b_1 + c_1$
$= a_1 + 2b_1 + c_1$（係数が 1, 2, 1）
$a_4 = a_3 + b_3$
$= a_1 + 2b_1 + c_1 + b_1 + 2c_1 + d_1$
$= a_1 + 3b_1 + 3c_1 + d_1$（係数が 1, 3, 3, 1）
…
$a_n = a_1 + {}_{n-1}\mathrm{C}_1 \cdot b_1 + {}_{n-1}\mathrm{C}_2 \cdot c_1 + {}_{n-1}\mathrm{C}_3 \cdot d_1 + \dots$（+0 になるまで）

<(a) と同じ例 1>（2 階等差数列）

$\{a_n\}$ **5**, 10, 17, 26, 37, …
$\{b_n\}$ **5**, 7, 9, 11, …
$\{c_n\}$ **2**, 2, 2, …

$a_n = \mathbf{5} + (n-1) \cdot \mathbf{5} + \{(n-1)(n-2)/2\} \cdot \mathbf{2}$
（c_n の次から 0 なので c_1 で終わり）
$= n^2 + 2n + 2$

<(a) と同じ例 2>（3 階等差数列）

$\{a_n\}$ **2**, 12, 36, 80, 150, 252, …
$\{b_n\}$ **10**, 24, 44, 70, 102, …
$\{c_n\}$ **14**, 20, 26, 32, …
$\{d_n\}$ **6**, 6, 6, …

$a_n = \mathbf{2} + (n-1) \cdot \mathbf{10} + \{(n-1)(n-2)/2\} \cdot \mathbf{14}$
$+ \{(n-1)(n-2)(n-3)/3!\} \cdot \mathbf{6}$
（d_n の次から 0 なので d_1 で終わり）
$= n^3 + n^2$

<例3> [28 Explicit Formula 問題] に出てきた Moser's Circle Problem

(4 階等差数列)

$\{a_n\}$ 1, 2, 4, 8, 16, 31, …

$\{b_n\}$ 1, 2, 4, 8, 15, …

$\{c_n\}$ 1, 2, 4, 7, …

$\{d_n\}$ 1, 2, 3, …

$\{e_n\}$ 1, 1, …

$a_n = 1 + (n-1)\cdot 1 + (n-1)(n-2)/2\cdot 1 + (n-1)(n-2)(n-3)/3!\cdot 1$
$+ (n-1)(n-2)(n-3)(n-4)/4!\cdot 1$

(e_n の次から 0 なので e_1 で終わり)

$= 1/24(n^4 - 6n^3 + 23n^2 - 18n + 24)$

(c) 連立方程式を用いる方法

第 m 階差数列が定数列になるとき、もとの数列を m 階等差数列といいますが，m 階等差数列なら一般項が m 次式になることが分かっているので，a_n を n の m 次式とおいて，係数を連立方程式を解いて求めます．

<(a) と同じ例 1> (2 階等差数列 $m=2$ の場合)

$\{a_n\}$ **5**, **10**, **17**, 26, 37, …

$\{b_n\}$ 5, 7, 9, 11, …

$\{c_n\}$ 2, 2, 2, …

$a_n = an^2 + bn + c$ とおいて，

$a_1 = a + b + c = \mathbf{5}$

$a_2 = 4a + 2b + c = \mathbf{10}$

$a_3 = 9a + 3b + c = \mathbf{17}$

を解くと，$a=1, b=2, c=2$ を得るので，

$a_n = n^2 + 2n + 2$

<(a) と同じ例 2> (3 階等差数列 $m=3$ の場合)

$\{a_n\}$ **2**, **12**, **36**, **80**, 150, 252, …

$\{b_n\}$ 10, 24, 44, 70, 102, …

$\{c_n\}$ 14, 20, 26, 32, …

$\{d_n\}$ 6, 6, 6, …

$a_n = an^3 + bn^2 + cn + d$ とおいて，

$a_1 = a + b + c + d = \mathbf{2}$

$a_2 = 8a + 4b + 2c + d = \mathbf{12}$

$a_3 = 27a + 9b + 3c + d = \mathbf{36}$

$a_4 = 64a + 16b + 4c + d = 80$
を解くと，$a = 1, b = 1, c = 0, d = 0$ を得るので，
$a_n = n^3 + n^2$

```
[A]
[[1  1  1 1 2 ]
 [8  4  2 1 12]
 [27 9  3 1 36]
 [64 16 4 1 80]]
```

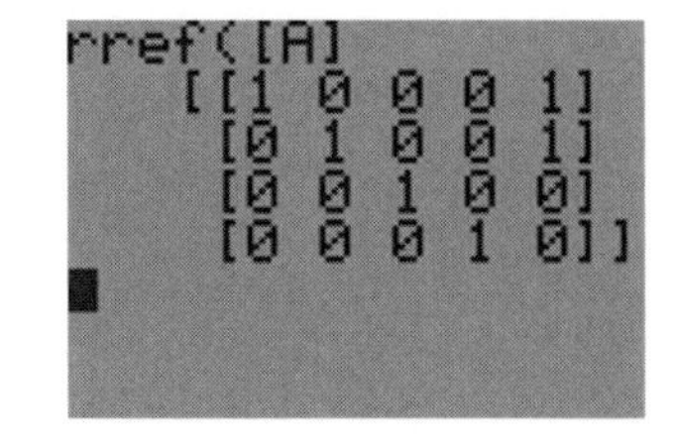

図はこの連立方程式を解いた TI84 という GDC（グラフ電卓）の画面です．この rref は与えられた行列 [A] を左基本変形した行列（reduced row-echelon form）を示しています．

One More Word

a/b (division slash)

数学記号について定義している国際規格である ISO 80000-2:2009 では，割り算の記号は $\dfrac{b}{a}$ または a/b と表し，「記号÷は使うべきではない」と書かれてあります．この記号を使っている国が少ないことがその理由です．他にも「使うべきではない」ものが 4 つあり，「避けるべきである」ことが 13 個もあります．

keyword 34

Midnight Formula

ドイツ語で"Mitternachtformel", 英語で"**midnight formula**", すなわち「真夜中の公式」という意味ですが, 実は quadratic formula（2次方程式の解の公式）のことです.

$$ax^2 + bx + c = 0$$

$$x = \frac{-b \pm \sqrt{b^2 - 4ac}}{2a} \tag{1}$$

You have to be able to recite it when suddenly woken at midnight（真夜中に急に起こされても暗唱できるようにしなさい）と言われるほど重要だということでしょう. それだけ重要なので, 覚えるための歌もあります.

式(1)で $b = 2b'$ とすると,

$$x = \frac{-b' \pm \sqrt{b'^2 - ac}}{a} \tag{2}$$

となりますが, これは b が偶数のときに後で約分する必要がなくなるのでよく使われています. また, 式(1)の分子の有理化をすると次の式になりますが, これはあまり知られていません.

$$x = \frac{-2c}{b \pm \sqrt{b^2 - 4ac}} \tag{3}$$

x^2 の係数を1にした式（monic equation）で x の係数を p, 定数項を q としたときは特に"pq-formula"といいます.

$$x^2 + px + q = 0$$

$$x = \frac{-p \pm \sqrt{p^2 - 4q}}{2} \tag{4}$$

Cubic equation（3 次方程式）にも quartic equation（4 次方程式）にも解の公式がありますが大変複雑です．3 次方程式は "Cardano's formula（カルダノの公式）"，4 次方程式の方は "Ferrari's method（フェラーリの方法）" と呼ばれています．なお，5 次以上の方程式には解の公式がないことの証明を，Ruffini（ルフィニ 1799）が発表し，Abel（アーベル 1823）が修正して完成させています（Abel–Ruffini theorem）．

ところで，midnight formula という言い方は主にドイツで使われていますが，ドイツでは円周率も Ludolph number という特別な呼び方があります．ドイツ出身で後にオランダへ移住した Ludolph van Ceulen（1540–1610）が，アルキメデスと同じ正多角形の周長から求める方法で小数 35 桁まで計算したので，その功績を称えてこう呼ばれています．日本でも江戸時代に建部賢弘（たけべかたひろ 1664-1739）が小数 41 桁まで計算したので，円周率の別名として「建部数」と呼んでもいいのかもしれません．

One More Word

congruent

図形の「合同」（同じ形で同じ大きさ）という意味で使われますが，線分も図形のひとつなので線分が同じ長さであることも "congruent" といいます．日本語では 2 つの線分が「同じ長さ」であるということはあっても「合同」であるとはいいませんね．記号も ≡ を ≅ と書く場合があります．

keyword 35

Null Factor Law (NFL)

一般にNFLといえばNational Football League（アメリカンフットボールのプロリーグ）が有名ですね.

「$ab=0$ ならば $a=0$ または $b=0$ である」という性質を，**Null Factor Law (NFL)** といいます. 日本語訳は特にありません. ただnull factor（零因子）という用語はあって，nil factorまたはzero divisorともいいます. 例えば行列ではNFLは成り立たず，「$AB=0$ を満たす0でない行列 A, B」があり，これらを零因子といいます. 整数，実数，複素数などでは $ab=0$ になるのは $a=0$ または $b=0$ のときしかなく，これを零因子と呼ぶか呼ばないかというのは，代数学の環論という分野でのお話になります. NFLは **zero-product property** といういい方もよく使われます.

日本では中3で初めてquadratic equation（二次方程式）が登場しますが，解法は大きく分けて2つあります.

(M1) Factorising and using the Null Factor Law（因数分解してNFLを利用）
(M2) Quadratic formula（二次方程式の解の公式，別名midnight formula）
(M1)の手順は次の1-3です.

1. If necessary, rearrange to get 0 on the right hand side.
（必要なら右辺を0にする）

2. Factorise（次の(1)-(5)のいずれかで因数分解する）

(1) By taking out a common factor（共通因数をくくり出す）

$$x^2-4x=0$$
$$x(x-4)=0$$

(2) By using the difference of two squares rule（平方の差の公式）

$$4x^2-9=0$$
$$(2x+3)(2x-3)=0$$

(3) By using the shortcut if a=1（x^2の係数が1の場合に手短かに解く方法）

$$x^2+3-10=0$$
$$(x+5)(x-2)=0$$

(4) **By using the full method if a<>1**

（x^2 の係数が 1 でない場合に手短かでなく一般的に解く方法，
26 Crisscross Method の 2.1（P.66）参照）

$$3x^2 - 10x - 8 = 0$$
$$3x^2 - 12x + 2x - 8 = 0$$
$$3x(x-4) + 2(x-4) = 0$$
$$(x-4)(3x+2) = 0$$

(5) By completing the square（平方完成）

$$x^2 + 6x + 4 = 0$$
$$x^2 + 6x + 9 + 4 - 9 = 0$$
$$(x+3)^2 - 5 = 0$$
$$(x+3)^2 - (\sqrt{5})^2 = 0$$
$$(x+3+\sqrt{5})(x+3-\sqrt{5}) = 0$$

3. use the Null Factor Law（NFL を使う）

上の (1) の続き　((2)〜(5) は省略)

$$x(x-4) = 0$$
$x = 0$ または $x - 4 = 0$（NFL）
$x = 0$ または $x = 4$

NFL って
National Football League
じゃないの？

keyword 36

Positive Definite

正定値と訳される **positive definite**（負定値は negative definite）は，一般には symmetric matrix（対称行列＝行と列を交換しても等しい行列）に対して使われる用語ですが，IBDP（国際バカロレア Diploma Program）Math の教科書には，「こんな２次関数を positive definite という」と書かれてあります．

> Positive definite quadratics are quadratics which are positive for all values of x. So, $ax^2 + bx + c > 0$ for all $x \in \mathbb{R}$.
> Test: A quadratic is positive definite if and only if a > 0 and $\Delta < 0$.
> (Haese SL P37)

Δ は discriminant（判別式）です．つまり，常に正の値をとる２次関数を positive definite というわけですが，行列における positive definite の定義との関連を見てみましょう．

[行列の positive definite（正定値）の定義]

$n \times n$ 対称行列 A が，n 個の成分を持つ零ベクトルでない任意の列ベクトル $\boldsymbol{x}$ に対して，$\boldsymbol{x}^T A\boldsymbol{x}$（$\boldsymbol{x}^T$ は $\boldsymbol{x}$ の転置行列）が常に正となるとき，行列 A は positive definite であるといいます．

[2×2 行列で言い換えると]

対称行列 $A = \begin{pmatrix} a & b \\ b & c \end{pmatrix}$ が，零ベクトルでない任意の列ベクトル $\boldsymbol{x} = \begin{pmatrix} x \\ y \end{pmatrix}$ に対して，quadratic form（二次形式＝２次の項だけの式）

$$\boldsymbol{x}^T A\boldsymbol{x} = (x \quad y)\begin{pmatrix} a & b \\ b & c \end{pmatrix}\begin{pmatrix} x \\ y \end{pmatrix} = ax^2 + 2bxy + cy^2$$

が常に正となるとき，この行列 A，またはこの二次形式を positive definite であるといいます．

［2×2行列で言い換えると］

一般に2変数の2次関数（2次の項＋1次の項＋定数項）は2×2行列を用いて次の式で表せます．

$$\boldsymbol{x}^T A\boldsymbol{x}+\boldsymbol{b}^T\boldsymbol{x}+c=(x \quad y)\begin{pmatrix}a_1 & a_{12}\\ a_{12} & a_2\end{pmatrix}\begin{pmatrix}x\\ y\end{pmatrix}+(b_1 \quad b_2)\begin{pmatrix}x\\ y\end{pmatrix}+c$$
$$=a_1x^2+2a_{12}xy+a_2y^2+b_1x+b_2y+c$$

1変数の2次関数を1×1行列で表せば

$$(x)(a)(x)+(b)(x)+c=ax^2+bx+c$$

となり，$a>0$ で $\Delta<0$ のとき，positive definite になります．

1変数の2次関数を2×2行列の式で表すこともできます．対称行列

$A=\begin{pmatrix}a & \frac{b}{2}\\ \frac{b}{2} & c\end{pmatrix}$ と，x の値が任意の列ベクトル $\boldsymbol{x}=\begin{pmatrix}x\\ 1\end{pmatrix}$ で、

$$\boldsymbol{x}^T A\boldsymbol{x}=(x \quad 1)\begin{pmatrix}a & \frac{b}{2}\\ \frac{b}{2} & c\end{pmatrix}\begin{pmatrix}x\\ 1\end{pmatrix}=ax^2+bx+c$$

これが常に正となるとき，positive definite になります．

以上のことから，2次関数の positive definite は，対称行列の positive definite の特別な場合であることが分かります．

ここで，A の行列式

$$|A|=ac-\frac{b^2}{4}=-\frac{1}{4}(b^2-4ac)=-\frac{1}{4}\Delta>0 \text{ なら}$$

$\Delta<0$ となり，その逆も成り立ちますから，$|A|>0$ という条件は ax^2+bx+c が positive definite であるための必要十分条件になります．

因みに positive definite に似た意味で positive quadratic という用語もあります．

> For a quadratic function $f(x)=ax^2+bx+c$:
> If $a>0$, $f(x)$ is a positive quadratic. The graph has a minimum point and goes up on both sides.
> (Cambridge SL P2)

If the leading coefficient, a, of the quadratic function
$f(x) = ax^2 + bx + c$ is positive, the parabola opens up-ward (concave up)
(Pearson SL P66)

つまり，$ax^2 + bx + c$ の $a > 0$（下に凸）の場合，この 2 次関数を positive quadratic といいます．

One More Word

altitude

標高，海抜，高度などという意味によく使われますが，図形では高さを意味します．高さは height という場合が多いのですが，この用語もよく使われます．このようにどんなことも積極的に知ろうとする attitude（態度）が自然に出てくるのもひとつの aptitude（素質）といえますよね．

keyword 37

Pronumeral

pronumerals

Letters used to represent variables or constants.

in expressions

$$6 + n \qquad x + 10 \qquad y^2$$

In these expressions, n, x and y are all pronumerals.

in equations

$$E = mc^2$$

E is energy, m is mass, and c is the speed of light.
In this equation E, m and c are all pronumerals.

(A MATHS DICTIONARY FOR KIDS)

Pronoun は pro（代わり）と noun（名詞）の合成で代名詞という意味になります．同様に **pronumeral** は，pro（代わり）と numeral（数）の合成なので，直訳すると代数になりますが，実際は「variable（変数）や constant（定数）を表すのに使われる文字」という意味で使われています．Wiktionary 英語版で，数学用語としての variable の意味は次のようになっています．

> (mathematics) A quantity that may assume any one of a set of values.
> (mathematics) A symbol representing a variable.

このように文字で表された定数も variable というなら，variable と pronumeral は同じ意味になります．例えば $y=ax^2+bx+c$ なら，a, b, c も x, y も pronumeral ということになります．

この用語 pronumeral がなぜ意外なのかというと，Australia 以外でほとんど使われていないからです．Wiktionary 英語版では pronumeral が以下のように紹介されています．

Usage notes
Standard in Australian compulsory education, but rarely used outside Australia.

同僚の理系の米国人はこの用語を知りませんでした．確かに Australia から出版されている複数の International Baccalaureate（IB= 国際バカロレア）の教科書にはこの pronumeral が使われていました．

> Symbols, like M and n, which are used in place of numbers are called **pronumerals**.
>
> However, pronumerals do not usually replace just one numeral (number). They can represent many numbers and are therefore called **variables**.

MATHEMATICS for year 8 (Haese Mathematics : Australia)

37 Pronumeral 問題

Find the following pronumeral in the diagrams below. (SOCRATIC)

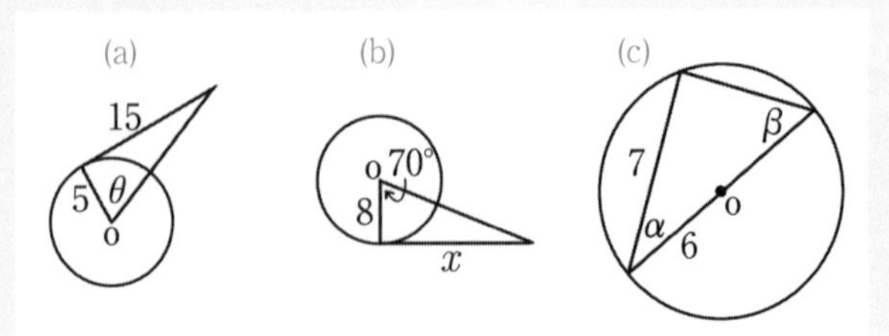

Not to Scale（縮尺は正確ではない）

（解答は巻末）

keyword 38

Quadratic Formula

二次方程式は quadratic equation，二次関数は quadratic function，二次式は quadratic expression といいますが，なぜ二次は second degree ではないのでしょうか．Wolfram MathWorld には，次のように書かれてありました．

> The Latin prefix quadri- is used to indicate the number 4, for example, quadrilateral, quadrant, etc. However, it also very commonly used to denote objects involving the number 2. This is the case because quadratum is the Latin word for square, and since the area of a square of side length x is given by x^2, a polynomial equation having exponent two is known as a quadratic ("square-like") equation.

ラテン語の接頭辞 quadri は 4 という数字を示しているが，2 という数字を含むものも表していた．Quadratum はラテン語の正方形という意味であり，その 1 辺を x とすると面積は x の 2 乗になることから，2 乗を含む方程式は quadratic な（正方形的な）方程式として知られていた．

という理由のようです．

というわけで，**quadratic formula** は二次方程式の解の公式のことです．Quadratic Formula Song（解の公式の歌）が動画サイトで多数見つかります．親しみやすそうなものを 2 つ選んでみました．

The Quadratic Formula

$$\frac{-b \pm \sqrt{b^2-4ac}}{2a}$$

♪ Pop! Goes the Weasel

<Math Version>

x equals negative b
plus or minus the square root
of b squared minus $4ac$
all over $2a$

<Actual Song>

All around the mulberry bush,
The monkey chased the weasel.
The monkey thought 'twas all in fun.
Pop! goes the weasel.

桑の木の周りで
サルがイタチを追っかけた
サルはとても楽しんだ
イタチがぴょんと跳ねた

all over $2a$ はこの前がすべて分子で $2a$ が分母という意味です．また，'twas は "it was" の省略形です．

♪ Row Row Row Your Boat

<Math Version>

x equals opposite b
plus or minus the square root
of b squared minus $4ac$
divided by $2a$

<Actual Song>

Row, row, row your boat
Gently Down the stream.
Merrily, merrily, merrily, merrily,
Life is but a dream.

ボートを漕ごう
そっと流れに乗って
陽気に楽しく
人生はただの夢

なぜ negative b ではなく，opposite b なのかという説明が動画の中にありました．b が negative number（負の数のときは）符号が変わって positive number（正の数）になるからだそうです．因みに，Quadratic Formula は別名，Midnight Formula といいます．

keyword 39

R-alpha Method

日本の高校数学Ⅱに登場する三角関数の合成は，compound angle formula（加法定理）を使って，express $a\sin x + b\cos x$ in the form $R\sin(x+\alpha)$ or $R\cos(x+\alpha)$ すなわち，$\sin x$ と $\cos x$ の linear combination（一次結合または線形結合）である $a\sin x + b\cos x$ を $R\sin(x+\alpha)$ または $R\cos(x+\alpha)$ の形に表すことをいい，**R-alpha method** または R formula と呼ばれることがあります．式で表すとこうなります．

$$a\sin x + b\cos x = R\sin(x+\alpha)$$

ただし，

$$R = \sqrt{a^2+b^2}, \quad \alpha = \arctan\frac{b}{a}$$

簡単な例として $a=b=1$ のときはこうなります．

$$\sin x + \cos x = \sqrt{2}\sin\left(x+\frac{\pi}{4}\right)$$

この意味の英語への直訳は，Synthesis of trigonometric functions となりますが，あまり使われていません．synthesis は総合，統合または（化学反応の）合成という意味があり，物理では音の合成にこの用語を使います．この派生語で synthesiser（または synthesizer）という音を合成する機械があります．

大学の理系なら，いろいろな関数を三角関数の線形結合で次のように近似する Fourier series（フーリエ級数）を学習します．

$$f(x) = \frac{a_0}{2} + \sum_{n=1}^{\infty}(a_n\cos nx + b_n\sin nx)$$

この式の右辺で $a_0=0$, $a_n=b_n=n=1$ のときがすぐ上の式の左辺に当たります．

合成という日本語を使う他の数学用語の例として，composite function（合成関数）があります．これは，ある関数で得られた値をまた別の関数に代入して値を得る場合に使います．例えば，$f(x)=2x$, $g(x)=x^2$ のとき，$f\circ g(x)=f(g(x))=2x^2$ となります．三角関数の合成関数なら，例えば $\sin(\arccos\frac{3}{5})=\frac{4}{5}$ などがそうです．因みに物理では composition of force（力の合成）でこの言葉を使います．

たまたま検索してみたら，Yahoo! 知恵袋に，「三角関数の合成は，英語で何と言いますか？」という質問と回答があったのですが，その Best Answer が compositions of trigonometric functions となっていました．これはどうも Best Answer とは言い難いですね．

39 R-alpha Method 問題

Solve the $4\sin x + 6\cos x = 3$ in the range of $0^\circ \leq x < 360^\circ$ by dividing the answers to the nearest degree.

（解答は巻末）

One More Word

COP

constant of proportionality（比例定数）を略してこう呼びます．
COP といえば，映画 "Beverly Hills Cop" のように「警察官」という意味もあるし，気候変動枠組条約とかラムサール条約などの加盟国の会議 Conference of the Parties（締約国会議）という意味もあります．
比例定数も含めてすべて「コップ」と読みますが，前後の文章から意味はすぐに分かります．

keyword 40

Section Formula

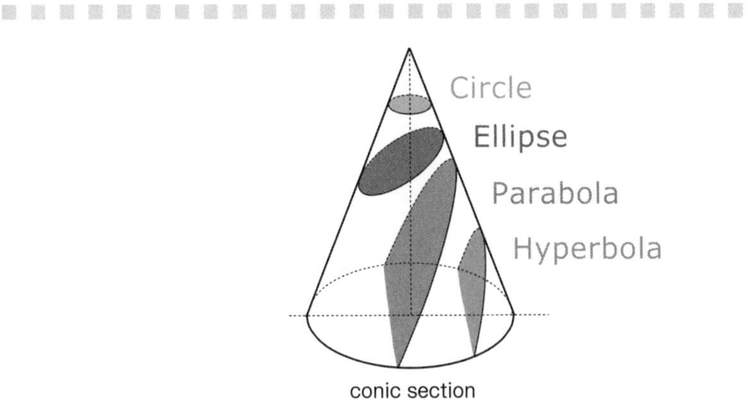

conic section

切断面を cross section といい，特に円錐の切断面（円錐曲線）を conic section といいます．circle（円），ellipse（楕円），parabola（放物線），hyperbola（双曲線）がこれに含まれます．Section formula といえばその関係の公式だと思ってしまいますが，これは 2 点 A(x_1), B(x_2) を結ぶ線分 AB を m:n に分ける点の公式

$$\frac{mx_2 + nx_1}{m+n}$$

のことをいいます（$n>0$ で内分，$n<0$ で外分）．でもよく見ると分子の項の順番が違いますね．日本の教科書では次の式のほうが一般的です．

$$\frac{nx_1 + mx_2}{m+n}$$

もちろんどちらも同じ値になりますが，海外では上の式のほうが一般的です．この式の n を正の数に限定して internal division（内分）と external division（外分）を式で区別するなら，上の 2 式は内分点，次の 2 式は外分点になります．どちらが覚えやすいでしょうか．

$$\frac{mx_2 - nx_1}{m-n}$$

$$\frac{-nx_1 + mx_2}{m-n}$$

この公式は，coordinate geometry（座標幾何）だけでなく，vector（ベクトル）や complex plane（複素平面）でも登場するうえ，物理学では center of gravity（重心）（または center of mass（質量中心）ともいう）などを求めるのにも使われます．

この公式を使う文章題は見たことがなかったので，簡単なものを作ってみました．この公式を使って解いてみてください．

問題

一直線の道で，A さんが家から 2km の地点に，B さんが家から 8km の地点にいる．A さんは自転車で時速 11km, B さんは徒歩で時速 5km で進む．

(1) お互い向かい合って進むとき，家から何 km の地点で出会うか．

(2) お互い家から遠ざかる方向へ進むとき，家から何 km の地点で A さんが B さんに追いつくか．

（正解は次の図を見てください）

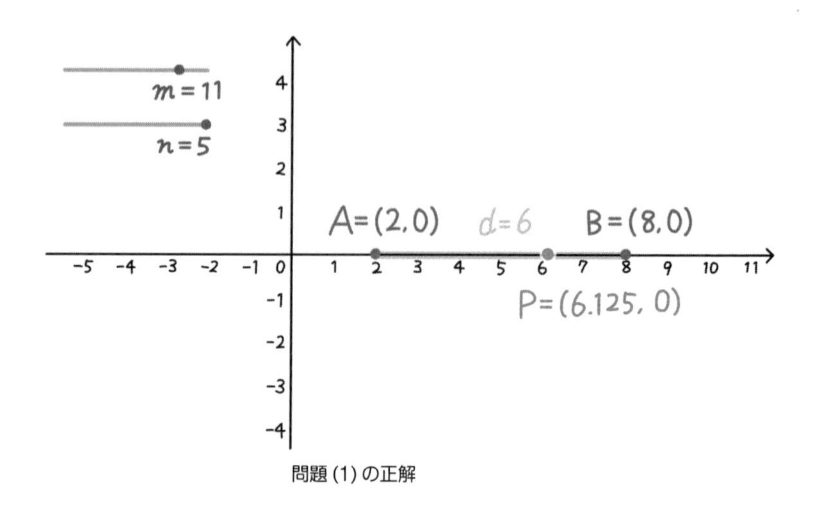

問題 (1) の正解

$m=11$

$n=-5$

$A=(2,0)$　$d=6$　$B=(8,0)$

$P=(13,0)$

問題 (2) の正解

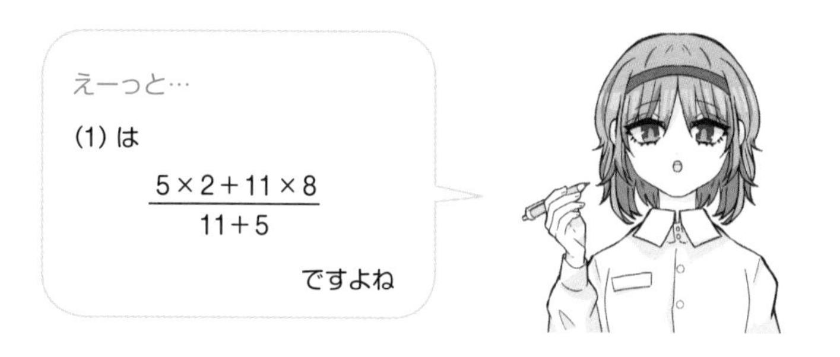

keyword 41

Sum and Product of Roots

$$x^2 - (\overset{\frac{-b}{a}}{sum})x + \overset{\frac{c}{a}}{product} = 0$$

直訳すれば「根の和と積」という意味ですが，高校数学で登場する「二次方程式の解と係数の関係」のことです．これを n 次方程式に一般化したものは Vieta's formulas（ヴィエタの公式）といいますが，二次方程式の場合だけでも Vieta's formulas と呼ぶ場合があります．

二次方程式の解と係数の関係は，2 解を α, β とすれば，

$$ax^2 + bx + c = a(x - \alpha)(x - \beta) = a(x^2 - (\alpha + \beta)x + \alpha\beta)$$

の係数を比較して，

$$\alpha + \beta = -\frac{b}{a}, \quad \alpha\beta = \frac{c}{a}$$

となりますが，これが n 次式方程式になると，n 個の解を r_i で表せば，

$$a_n x^n + a_{n-1}x^{n-1} + \cdots + a_1 x + a_0 = a_n(x - r_1)(x - r_2)\cdots(x - r_n)$$

右辺を展開して，

$$a_n x^n - a_n(r_1 + r_2 + \cdots + r_n)x^{n-1} + a_n(r_1 r_2 + r_1 r_3 + \cdots + r_{n-1}r_n)x^{n-2} + \cdots + (-1)^n a_n r_1 r_2 \cdots r_n$$

左辺と係数比較して，

$$r_1 + r_2 + \cdots + r_n = -\frac{a_{n-1}}{a_n}$$

$$r_1 r_2 + r_1 r_3 + \cdots + r_{n-1} r_n = \frac{a_{n-2}}{a_n}$$

$$\vdots$$

$$r_1 r_2 \cdots r_n = (-1)^n \frac{a_0}{a_n}$$

となります.

似たような名前で，Viète's formula（ヴィエトの公式）というのがあります．これはπ(PI= 円周率）を無限積表示する次の公式です.

$$\pi = 2 \prod_{n=1}^{\infty} \frac{2}{a_n}$$

ただし，a_n は次の漸化式を満たす数列

$$a_{n+1} = \sqrt{2 + a_n}, \quad a_1 = \sqrt{2}$$

実は Vieta と Viète は，フランスの数学者 François Viète (1540-1603) のラテン語表記と仏語表記です．非常に珍しい例ですが，同一人物の名前がついているのに異なる公式になっています．同一人物なんだから同じ名前の表現を使いたいというときは，Vieta's root formulas と Vieta's formula for PI，または Viète's laws と Viète's formula と呼ぶ場合があります.

keyword 42

Vanishing

この単語が邦題になっている映画が3つもあります.

● **The Vanishing / Keepers（バニシング）** 2018年イギリス
無人島に灯台守としてやって来た3人の男の前に，金塊を大量に持った男とそれを追う男2人が現れ，金塊の争奪戦が起こります.

● **The Vanishing（ザ・バニシング -消失-）** 1988年ドイツ
夫婦でオランダからフランスへ旅行に来たが，妻が突然いなくなり，夫が捜索するが見つからず，3年後に犯人から連絡が来ます.

● **Live Like a Cop, Die Like a Man（バニシング）** 1976年イタリア
容疑者を次々に撃ち殺すので上司も手を焼いているという若い2人の刑事が，麻薬シンジケートの大ボスを追いかけます.

いずれも誰か，または何かが vanish（消失）する映画です.

▶ **Quiz**[11]
新車を陸送する仕事の途中，スピード違反で警察に追いかけられても、ただひたすら車を走らせて逃げ続ける男を描いた1971年のアメリカ映画は何でしょう？

さて前置きが長くなりましたが，数学で「消え失せる」なんていう意味の用語はあるのでしょうか．実は，値が0になることを **vanish** といいます．例えば関数 $f(x)=(x-1)^2$ は，$x=1$ で $f(x)$ の値が $0(f(1)=0)$ になりますから，このことを

$$\text{the function } f(x)=(x-1)^2 \text{ vanishes at } x=1$$

と表します．単純に「$x=1$ のとき $f(x)=0$」でいいんじゃないの？と思いま

▶ **Answer**[11] "Vanishing Point"

すが，これも「少し気取った言い回し」(『数学版これを英語で言えますか？』保江邦夫著：講談社ブルーバックス）のひとつらしいので，こんな言い方も知っておいた方がよさそうです.

また，x が実数の時，関数 $f(x)=\dfrac{1}{x^2+1}$ は，x が大きくなるにつれて $f(x)$ の値が 0 に近づきますが，このことを次のように言います.

the function $f(x)=\dfrac{1}{x^2+1}$ vanishes at infinity

さらに，vanish identically という場合がありますが，これはある時の値が 0 になるのではなく、恒等的に 0 に等しいということを意味しています.例えば，

$\sin^2\theta+\cos^2\theta-1$ vanishes identically

ということになります.

逆にどこも 0 にならない場合は、nonvanishing といい，例えば次のように表すことができます.

the values of x^2+1 are nonvanishing for real x

もちろん x^2+1 は x が虚数の時に vanish することがありますから，real x（実数の x）でないといけませんね.

因みに，3 次式の因数分解をするには，factor theorem（因数定理）で因数をひとつ見つけた後，次の名前のついた 2 つの方法のいずれかですることができます.

① vanishing method

$$\begin{aligned} x^3-19x-30 &= x^3+2x^2-2x^2-4x-15x-30 \\ &= x^2(x+2)-2x(x+2)-15(x+2) \\ &= (x+2)(x^2-2x-15) \\ &= (x+2)(x^2+3x-5x-15) \\ &= (x+2)\{x(x+3)-5(x+3)\} \\ &= (x+2)(x+3)(x-5) \end{aligned}$$

② division method

$$\begin{aligned} x^3-19x-30 &= (x+2)(x^2-2x-15) \\ &= (x+2)(x+3)(x-5) \end{aligned}$$

①は無理やり因数を作っていく感じがしますが，「因数」→「値が 0 になる」→「消失する」ということでこんな名前がついたのでしょう.②は日本の高校の教科書に載っているやり方で，はじめに見つけた因数で割り算をする方法です.

keyword 43

Wrapping Function

歌い方のひとつを意味する "rap" という単語と同じ発音ですが，w のついた方の "wrap" は「包む」という意味です．では **wrapping function** とは何を包む関数なのでしょうか．

Wrapping function は，直線 $x=1$ 上のすべての実数 $t \in \mathbb{R}$ が，

① Unit Square

（単位正方形 = 原点 (0, 0) を左下の頂点とする 1 辺の長さ 1 の正方形）

② Unit circle

（単位円 = 原点 (0, 0) を中心とする半径 1 の円）

を包みます．

① Wrapping Function of unit square

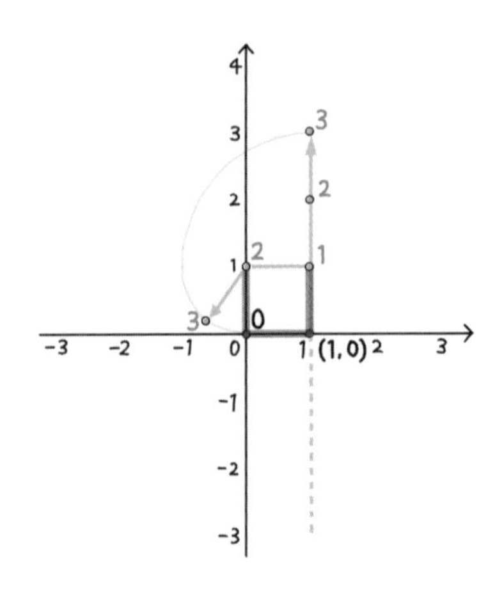

$$W : \mathbb{R} \to \mathbb{R}^2 : t \mapsto (c, s) : W(t) = (c, s)$$

ここで，$W(t) = (c,\ s)$ は，点 (1, 0) と $(1,\ t)$ を結ぶ線分が (1, 0) を基点にして反時計回りに unit square（単位正方形）を包んだ先端の座標になります（$t<0$ の場合は時計回り）．

例えば，$t=3$ のときは，(1, 0) と (1, 3) を結ぶ線分が (1, 0) を基点にして反時計回りに単位正方形を包むと，先端は (0, 0) に達するので $W(3)=(0,\ 0)$ になります．他の具体例をいくつかあげましょう．

$$W(1) = (1, 1)$$
$$W(1.5) = (0.5, 1)$$
$$W(2) = (0, 1)$$
$$W(4.2) = (1, 0.2)$$
$$W(-4.2) = (0.8, 0)$$

この場合，$0 \leqq t < 4$ または $-4 < t \leqq 0$ で1周を包むことができ，$4 \leqq |t|$ なら重なって2重，3重…と包むことになります．

② Wrapping Function of unit circle

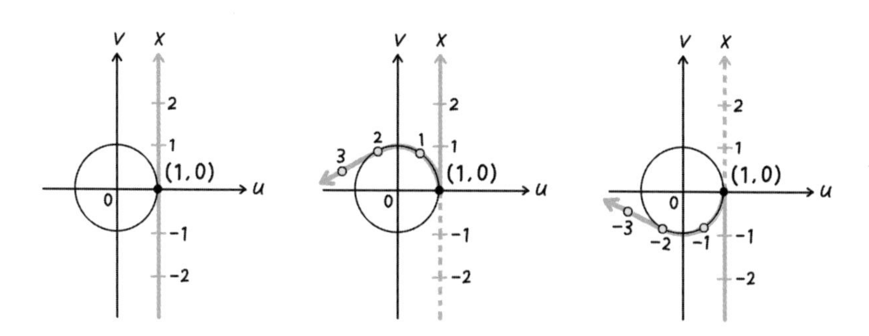

$$W : \mathbb{R} \to \mathbb{R}^2 : t \mapsto (\cos t, \sin t) : W(t) = (\cos t, \sin t)$$

つまり，$W(t) = (\cos t, \sin t)$ は，点 $(1, 0)$ と $(1, t)$ を結ぶ線分が $(1, 0)$ を基点にして反時計回りに unit circle（単位円）を包んだ先端の座標になります（$t < 0$ の場合は時計回り）．

例えば，$t = 3$ のときは，$(1, 0)$ と $(1, 3)$ を結ぶ線分が $(1, 0)$ を基点にして反時計回りに単位円を包むと，先端は $(\cos 3, \sin 3)$ に達するので $W(3) = (\cos 3, \sin 3) = (-0.98999, 0.14412)$ になります．他の具体例をいくつかあげましょう．

$$W\left(\frac{\pi}{6}\right) = \left(\cos\left(\frac{\pi}{6}\right), \sin\left(\frac{\pi}{6}\right)\right) = \left(\frac{\sqrt{3}}{2}, \frac{1}{2}\right)$$
$$W\left(\frac{\pi}{4}\right) = \left(\cos\left(\frac{\pi}{4}\right), \sin\left(\frac{\pi}{4}\right)\right) = \left(\frac{\sqrt{2}}{2}, \frac{\sqrt{2}}{2}\right)$$
$$W\left(\frac{\pi}{2}\right) = (0, 1)$$
$$W(\pi) = (-1, 0)$$
$$W\left(-\frac{\pi}{2}\right) = (0, -1)$$

この場合，$0 \leqq t < 2\pi$ または $-2\pi < t \leqq 0$ で1周を包むことができ，$2\pi \leqq |t|$ なら重なって2重，3重…と包むことになります．

43 Wrapping Function 問題

Q1. Consider a special type of function called a wrapping function. This function, denoted by W, wraps a vertical number line whose origin is at $R(1, 0)$ around a unit square, as shown at the right. With each real number t on the vertical number line, W associates a point $P(x, y)$ on the square. For example, $W(1) = (1,1)$ and $W(-1) = (0,0)$. From W we can define two simpler functions:

$$c(t) = x\text{-coordinate of } P,$$

and
$$s(t) = y\text{-coordinate of } P.$$

a. Find $W(2)$, $W(3)$, $W(4)$, and $W(5)$.

b. Explain why W is a periodic function and give its fundamental period.

c. Explain how the periodicity of W guarantees the periodicity of c and s.

d. Sketch the graphs of $u = c(t)$ and $u = s(t)$ in separate tu-planes.

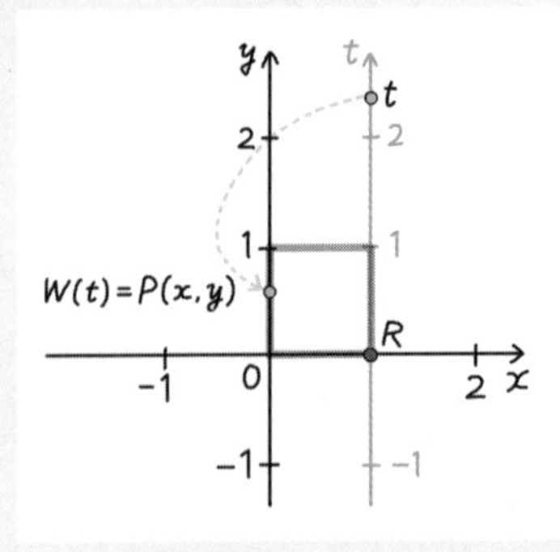

Q2. (Writing) Suppose the unit square in Q1 is replaced with the unit circle. Write a paragraph in which you describe how the wrapping function can now be used to define the circular functions sine and cosine.

（解答は巻末）

Chapter 3

Geometry

【幾何】

平面図形，空間図形を中心に，
ユークリッド幾何から非ユークリッド幾何まで，
意外な数学英語を紹介しています．

keyword 44

Alternate Segment Theorem

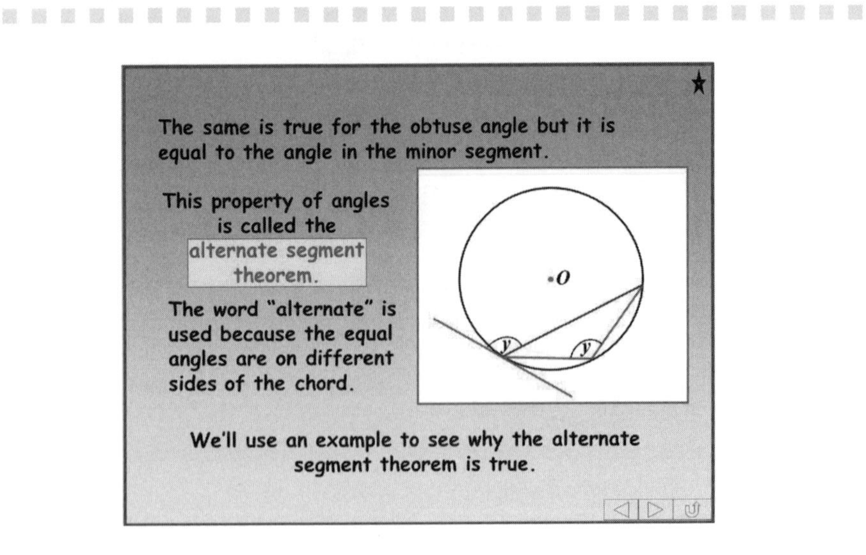

この定理の説明の英文は次のようになります．

The angle between the tangent and chord at the point of contact is equal to the angle in the alternate segment.

この "tangent and chord" が「接線と弦」という意味なので，この定理は「円の接線と弦の作る角の定理（接弦定理＝円の接線とその接点を通る弦が作る角は、その角の中にある弧の円周角に等しい）」を意味しています．ところが英語では "tangent chord theorem" とはあまり呼ばれず，一般に **alternate segment theorem** と呼ばれています．

もともと alternate は「交互の」とか「反対側の」という意味で，例えば錯角も，2 本の平行線の内側に交互に存在するので alternate interior angle といいます．また segment は「部分」とか「区分」という意味で，数学では直線の部分なら線分を意味しますが，ここでは円の部分，すなわち弦によって分割される弓形（弦と弧で囲まれた図形）を意味しています．弦が直径の場合は 2 つの semicircle（半円）になりますが，そうでない場合は大きい弓形 major segment（優弓形）と小さい弓形 minor segment（劣弓形）

に分かれます．これは major arc（優弧）と minor arc（劣弧）と同様の呼び方ですね．

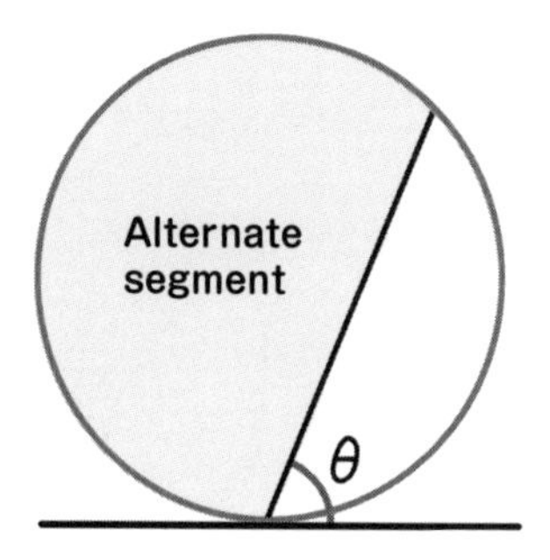

接線と弦の間の角から見て，その弦に関して反対側の弓形を alternate segment といい，その中の角が the angle in the alternate segment になります．従って，「弦に関して同じ側の弓形の弧の円周角」は「弦に関して反対側の弓形の中の角」と同じ意味になります．なので alternate segment theorem を直訳すると「反対側弓形の定理」と言えそうです．
「ユークリッドの原論」第 3 巻命題 32 の表現を見てみましょう．

Euclid's Elements Book III Proposition 32
If a straight line touches a circle, and from the point of contact there is drawn across, in the circle, a straight line cutting the circle, then the angles which it makes with the tangent equal the angles in the alternate segments of the circle.

「直線が円に接していて，接点から円を分割する直線が引かれているとき，その直線と接線とでできる角は，反対側にある弓形の中の角に等しい．」という意味になります．

2000 年も前から alternate segments という言葉が使われていたのですが，どうやらこの定理を日本語訳するときに，alternate segments よりも tangent and chord の方が訳し易かったのではないかと思います．

keyword 45

Arbelos and Salinon

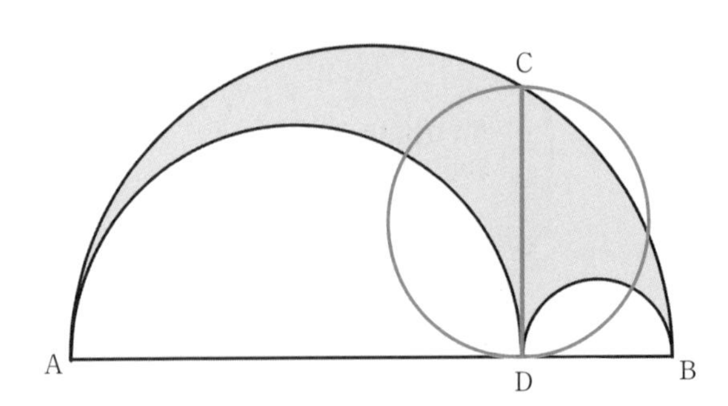

図のような大きな半円と，その直径 AB 上に中心を持つ 2 つの半円で囲まれた部分を **arbelos**（アルベロス = αρβηλος）といいます．古代ギリシャの「靴屋のナイフ（arbelos）」に似ているのでこのように呼ばれています．

Arbelos の面積は，中の 2 つの半円の半径を a，b とすると，

$$\frac{\pi(a+b)^2}{2}-\frac{\pi a^2}{2}-\frac{\pi b^2}{2}=\pi ab$$

となりますが，これは，中の 2 つの半円の共通接線と大きい半円との交点を結ぶ線分 CD を直径とする円の面積に等しくなっています．（Archimedes' Book of Lemmas Proposition 4 アルキメデスの補助定理集命題 4）

Arbelos はギリシャ時代に Book of Lemmas に登場してから現在までいろいろな研究がされ，江戸時代の和算でも多く登場しています．中の 2 つの半円の半径の比が $a:b=1:1$ のときの Arbelos は，漫画「和算に恋した少女」第 2 巻にも登場しました．

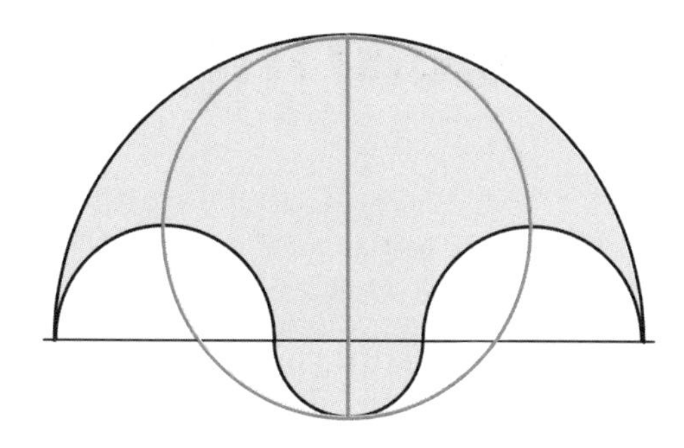

似たような形で，図のような大きな半円と，その直径上に中心を持つ3つの半円（両端の半円は同半径）で囲まれた部分を **salinon**（サリノン=σαλινον）といい，ギリシャ語で「塩入れ(salt-celler)」を意味します．

Salinonの面積は，中の両端の半円の半径をa，中央の半円の半径をbとすると，

$$\frac{\pi(2a+b)^2}{2} - \pi a^2 + \frac{\pi b^2}{2} = \pi(a+b)^2$$

となりますが，これは図の最上点と最下点を結んだ線分を直径とする円の面積に等しくなります．(Archimedes' Book of Lemmas Proposition 14)

Arbelosの形をした大きな彫刻がNederland（オランダ）にあります．Kaatsheuvel（カーツスフーフェル）という村の中央を走る高速道路Midden-Brabantweg（ミッデン＝ブラバント通り）沿いにあり，高さは24mもあります．Googleのstreet viewで探したところ，51° 39'37.4"N5° 03'26.1"Eという位置にありました．2016年6月の撮影でしたが，正面から全体を見ると，目の前の街灯が邪魔をしていて少し残念でした．探してみてください．(左：街灯設置前，右：街灯設置後)

keyword 46

Bearing

Vectors（ベクトル）の応用問題の中には，直進する物体の進行方向を求めるものがあり，その解答は，**bearing** ≈ 300° とか，bearing ≈ 60° west of north などとなっています．前者は true bearing（真方位）といい，真北線から clockwise direction（時計回り）に何度というように表します．また後者は conventional bearing（よく使われる方位）で，南北線から東または西へ何度というように表します．

Cardinal Points（基本方位）は，north, south, east, and west の 4 方位で，NSEW（北南東西）の順でいいます．日本では普通，東西南北の順でいいますが，麻雀では東南西北という順ですね．さらにそれら 4 つの方位の間に，half-cardinal points または quadrantal points または intercardinal points または intermediate (or ordinal) directions と呼ばれる north east（北東），south east（南東），south west（南西）and north west（北西）があります．

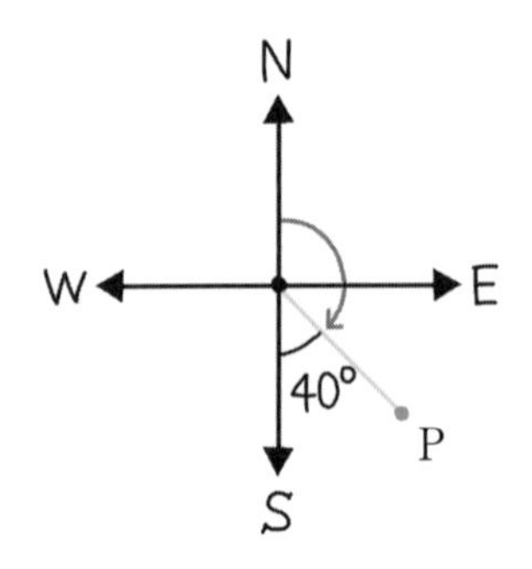

例えば図で P の方位は，true bearing では 140°，conventional bearing では 40° east of south となり，これは S40°E とも表します．日本語で「南東 40° の方向」ということになります．飛行機や船などの航路の問題で direction を問われたら bearing で答えるのが一般的です．

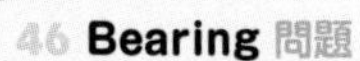

46 Bearing 問題

Boat A is at $(x_1, y_1)=(2, 4)$ at exactly 2:17 pm. It sails with velocity vector $(1, -3)$. Boat B is at $(x_2, y_2)=(11, 3)$. It begins to sail with velocity vector $(-1, a)$ at 2:19 pm to meet the boat A. Distance units are metres and t is in minutes from 2:17 pm.

a) Find $x_1(t)$ and $y_1(t)$ for boat A.
b) Find $x_2(t)$ and $y_2(t)$ for boat B.
c) At what time do they meet?
d) What was the direction and speed of boat B?

（解答は巻末）

One More Word

vertical line test

変数 x と y の関係で，ひとつの x に対して y がひとつだけ決まる場合，「y は x の（一価）関数である」といいます．座標平面上で，「x 軸に垂直な直線を水平に移動させて，あるグラフと常に1回だけ交わるなら，y は x の関数である」と判断するためのテストです．

keyword 47

Cevian

三角形の頂点から対辺に降ろした線分は**Cevian**（チェバ線）といいます．中線（triangle medians），垂線（altitude），角の二等分線（angle bisectors）なども含まれますが，垂直二等分線（perpendicular bisector）は頂点を通らないので含まれません．この名前はイタリアの数学者ジョバンニ・チェバ（Giovanni Ceva 1647-1734）に由来しています．似たようなネイミングでよく知られたものに，Jacobian（ヤコブ行列式）やLaplacian（ラプラス微分作用素）などがあります．

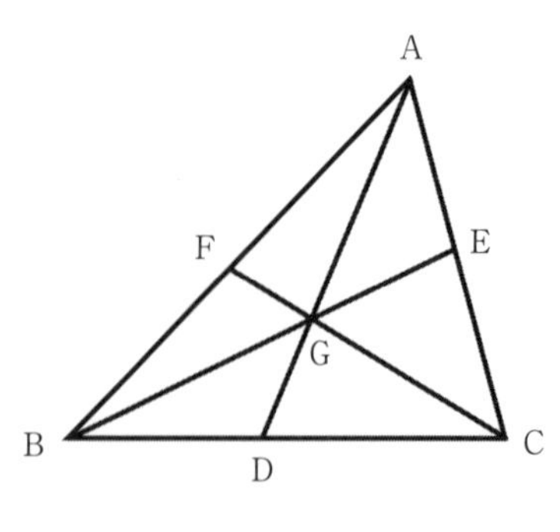

Ceva 1

チェバが発見したチェバの定理（Ceva's theorem 1678年）は，図の三角形ABCの3つのCevianが1点Gで交わっているとき，各辺の分点で分けられた線分の比が次の等式を満たすという定理です．

$$\frac{AF}{FB}\cdot\frac{BD}{DC}\cdot\frac{CE}{EA}=1 \tag{1}$$

この中で交わっている点GをCevian Point，分点を結んでできる三角形DEFをCevian Triangleといいます．重心，垂心，内心などもCevian Pointのひとつです．

このような「三角形の（ある意味での）中心」は，この定理以降に多数発見され，Evansville大学のClark Kimberlingが作成したサイト"Encyclopedia of Triangle Centers"に，2021年11月現在46000以上の「三角形の中心」が登録されています．その始めの5つは以下の通りです．

X(1) = incenter 内心（内接円の中心）
X(2) = centroid 重心
X(3) = circumcenter 外心（外接円の中心）
X(4) = orthocenter 垂心
X(5) = nine-point center 九点心（九点円の中心）

数学オリンピックで，ある三角形のCevianの長さの平均を求める問題が出されたことがあるそうですが，Cevianの長さといえば有名なものに中線定理（英語ではApollonius' theorem）があります．これは先の図でDがBCの中点であるとき，

$$AB^2 + AC^2 = 2(AD^2 + BD^2) \tag{2}$$

という等式が成り立つという定理です．これはBCとAHを対角線とする平行四辺形ABHCを考えたときも成り立つのでparallelogram law（平行四辺形の法則）ともいいます．

中線定理は，中線以外のCevianの長さすべてに当てはまるStewart's theorem（シュツワートの定理）の特別な場合になっています．Stewart's theoremは，先の図のDがBCを$m:n$に内分するとき，次の式が成り立つという定理です．

$$nAB^2 + mAC^2 = (m+n)AD^2 + nBD^2 + mCD^2 \tag{3}$$

確かに$m=n=1$のとき，式(2)と一致しています．
また逆に，中線定理でAB = ACのとき，式(2)は

$$AB^2 = AD^2 + BD^2$$

となり，ピタゴラスの定理になります．

Cevianの長さを求めてみましょう．シュツワートの定理(3)で，AB=c，AC=b，BC=a，AD=dとすると，

$$nc^2 + mb^2 = (m+n)d^2 + \frac{n(ma)^2}{(m+n)^2} + \frac{m(na)^2}{(m+n)^2}$$

となり，これを整理するとCevianの長さの平方は次式になります．

$$d^2 = \frac{mb^2 + nc^2}{m+n} - \frac{mna^2}{(m+n)^2} \tag{4}$$

よって，Cevianの長さはこの平方根になります．

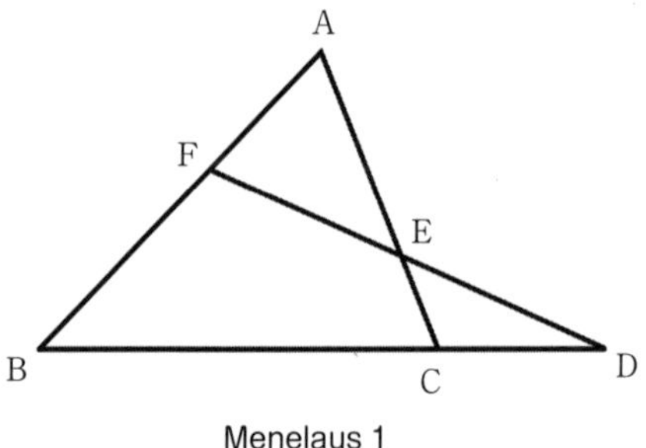

Menelaus 1

Cevian は登場しませんが，チェバの定理に似たものでメネラウスの定理（Menelaus' theorem 70-140 年）があります．図の三角形 ABC の transversal（横断線）が辺 AB, AC および BC の延長線と F, E, D で交わっているとき，各辺の内外分点で分けられた線分の比が次の等式を満たすという定理です．

$$\frac{AF}{FB} \cdot \frac{BD}{DC} \cdot \frac{CE}{EA} = 1$$

これは式 (1) と一致しますが，線分に向きをつけて考えると外分点が 1 つなので次式になります．

$$\frac{AF}{FB} \cdot \frac{BD}{DC} \cdot \frac{CE}{EA} = -1 \tag{5}$$

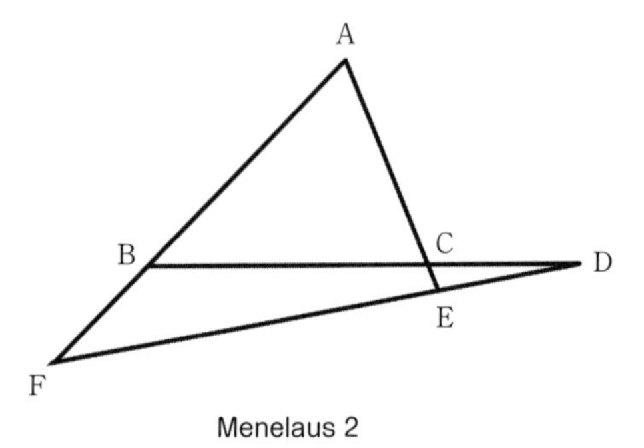

Menelaus 2

また，3 辺の延長上を横断する場合は外分点が 3 つになりますが，やはり同じ式 (5) が成り立ちます．

これはチェバの定理も同様で，辺 AB および CA，CB の延長線と F，E，D で交わっているとき，外分点が 2 つになるので，やはり同じ式 (1) を満たします．従って，線分の向きまで考えると，チェバの定理とメネラウスの定理の満たす等式は右辺の ±1 だけ異なるということになります．

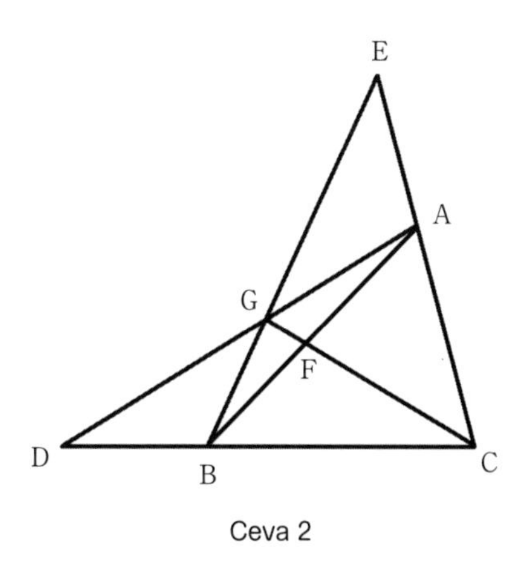

Ceva 2

因みに、この 2 つの定理の発見された年は約 1500 年の隔たりがあります．

47 Cevian 問題

Find the length of the cevian AD.

P.120 の図 Ceva 1 で，AB=7, AC=8, BD=6, CD=5 のとき，AD の長さを求めよ．

（解答は巻末）

Cevian
Jacovian
Laplacian
みんな
人の名前から！

keyword 48

Cyclic Quadrilateral

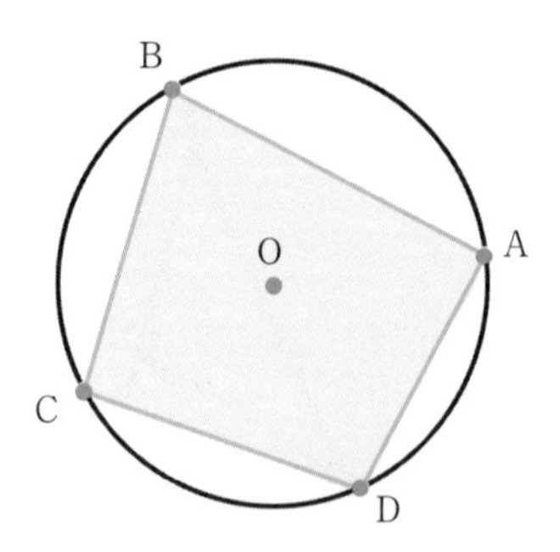

Cyclic は，循環する，巡回する，周期的というような意味があります．では，循環する quadrilateral（四角形）とはどういう意味でしょうか．

同一円周上にある（共円である）ということを concyclic といい，4 頂点が concyclic な四角形を **cyclic quadrilateral** といいます．日本語では円に内接する四角形 (inscribed quadrilateral) といいますが，英語では inscribed より cyclic の方がよく使われています．

Test for cyclic quadrilateral（共円条件）

A quadrilateral is a cyclic quadrilateral if any of the following is true:

1) one pair of opposite angles are supplementary.（対角の和が 180°）
2) an exterior angle is equal to the interior opposite angle.
（外角が対角に等しい）
3) one side subtends equal angles at the other two vertices.
（1 辺に対する 2 角が等しい）

(Further Mathematics HL Geometry: Haese mathematics)

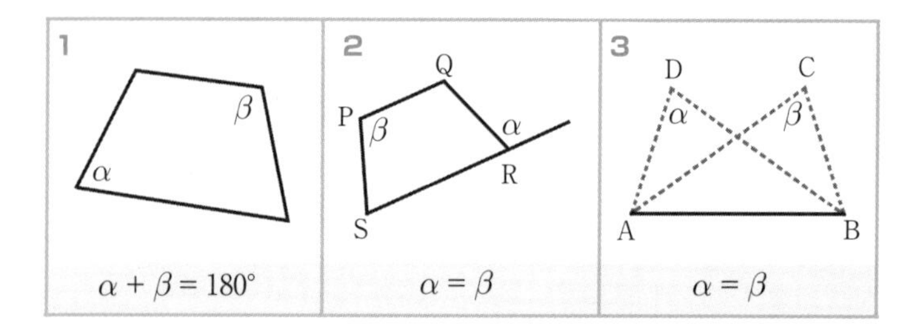

以上の3つは，4点が concyclic（四角形が cyclic）であるための条件で，3) は「円周角の定理の逆」です．この3つ以外に，「方べきの定理の逆」も共円条件になります．

因みに，4辺を a, b, c, d とする cyclic quadrilateral の面積 S を求める Brahmagupta's formula（ブラーマグプタの公式）があります．

$$S = \sqrt{(s-a)(s-b)(s-c)(s-d)}$$

$$\text{ただし}\quad s = \frac{a+b+c+d}{2}$$

ここで $d=0$ とすると三角形の面積を求める Heron's formula（ヘロンの公式）と一致します．

$$S = \sqrt{s(s-a)(s-b)(s-c)}$$

$$\text{ただし}\quad s = \frac{a+b+c}{2}$$

また cyclic ではない一般の quadrilateral の面積 S を求めるには Bretschneider's formula（ブレートシュナイダーの公式）があります．

$$S = \sqrt{(s-a)(s-b)(s-c)(s-d) - \frac{1}{4}(ac+bd+pq)(ac+bd-pq)}$$

ただし p, q は diagonal length（対角線の長さ）

この公式は，cyclic quadrilateral の場合，Ptolemy's theorem（トレミーの定理）より $ac+bd=pq$ となるので，Brahmagupta's formula と一致します．

Heron's formula

一般化 ↓ ↑ 特殊化

Brahmagupta's formula

一般化 ↓ ↑ 特殊化

Bretschneider's formula

keyword 49

Donkey Theorem

このdonkeyという言葉は，ロバという意味の他に「バカ」という意味もあり，ロバの別名であるassは俗語で「尻」という意味もあります．三角形の合同条件のひとつとして，「2組の辺とその間の角がそれぞれ等しい(SAS＝Side-Angle-Side)」が知られていますが，「2組の辺とその間にない角がそれぞれ等しい（ASSまたはSSA)」という条件は，次の③④のようにambiguous case（一意に定まらない場合）になります．これが合同条件として成り立たないということと，donkeyとassの意味とを掛けて，**donkey theorem**と呼んでいます．これはバカにして呼んでいるので，正しく成り立つ定理の名称ではありません．

三角形の辺と角の関係を細かく分類してみましょう．すべて最後に「がそれぞれ等しい」を省略しています．

① SSS＝SSS「3組の辺」congruent（合同）

「直角三角形の斜辺と他の1辺」は三平方の定理を既知とすればもう1辺はすぐに求められるのでここに含まれます．

② SAS＝SAS「2組の辺とその間の角」congruent

ドイツの数学者ヒルベルトDavid Hilbert (1862–1943) は著書「幾何学基礎論」の中で，これを三角形の合同公理としています．

③ ASS＝ASS「2組の辺とその間にない対応する角」ambiguous case

下図の場合です．角辺辺の順で等しい三角形が2つできます．

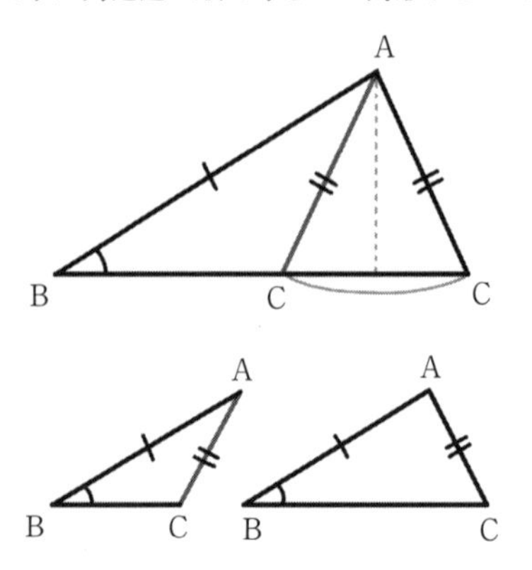

④ **ASS＝SSA**「2 組の辺とその間にない対応しない角」ambiguous case

下図の場合です．角辺辺と辺辺角が等しい三角形が 2 つできます．

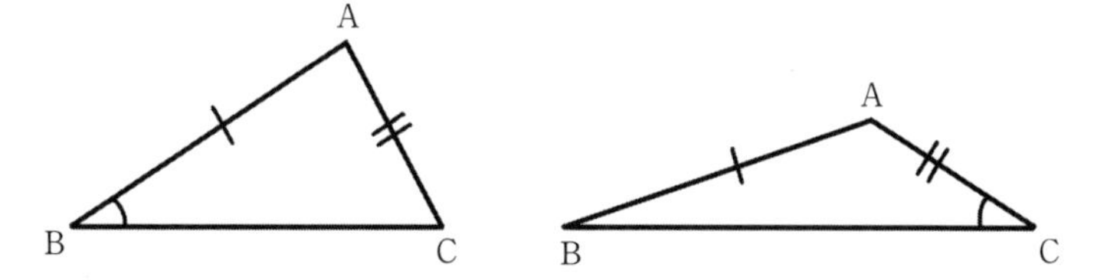

⑤ **ASA＝ASA**「2 組の角とその間の辺」または

「1 組の辺とその両端の角」congruent

内角の和は 180° なので自動的に 3 組の角が等しくなり，2 つの角の間の辺は対応する辺なので，三角形は 1 つに決まります．

⑥ **AAS＝AAS**「2 組の角とその間にない対応する辺」congruent

自動的に 3 組の角が等しくなり，対応する辺が等しいので，三角形は 1 つに決まります．「直角三角形の斜辺とひとつの鋭角」という条件はここに含まれます．「直角三角形の斜辺と他の 1 辺」も三平方の定理を既知としない場合は，一方を裏返して「他の 1 辺」を重ねて二等辺三角形を作り，その底角が等しくなることから，「直角三角形の斜辺とひとつの鋭角」という条件になるので，ここに含まれます．

⑦ **AAS＝SAA**

「2 組の角（自動的に 3 組）とその間にない対応しない辺」similar（相似）

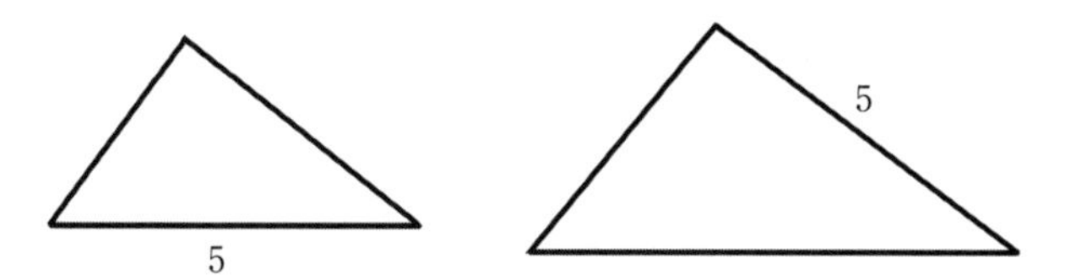

⑧ **AAA＝AAA**「3 組の角（2 組の角で十分）」similar

因みに米国では，ロバは Democrats（民主党）のシンボルになっていて「家庭」を象徴しているのに対し，Republican（共和党）のシンボルは elephant（ゾウ）で「知識と力」の象徴だそうです．

keyword 50

Duck's Egg

Duck はカモやアヒルのことです．ドナルドダックというキャラクターがありますが，その絵から判断すると，ダックはアヒルだとばかり思っていました．ただ，アヒルではなくてカモであることを強調したいときは wild duck といいます．また，よく騙される人のことをカモといいますが，これは easy mark というそうです．

Egg は卵ですから，**duck's egg** はアヒルの卵という意味になります．ニワトリより少し大きいそうですが，味はどうなんでしょうか？ 一度食べてみたいものです．

さて，duck's egg の直訳はアヒルの卵となりますが，数学ではどんな意味があるのでしょう．これはその形から来ています．卵に似た数字は何でしょう？ そう，0 ですね．なので数字の 0 を表すのかと思ったら，zero point，すなわち全く得点できない 0 点のことなんです．ずばり，スポーツや試験の点数が 0 点のときに duck's egg といいます．別に duck のではなくても単に egg でいいと思いますけどね．

▶ **Quiz**[12]
ドラえもん（1969 年～）の野比のび太よりずっと前からテストで 0 点を取ることで有名だった漫画のキャラクターは誰でしょう？

▶ **Answer**[12]　丸出ダメ夫（1964 年 -1967 年 週刊少年マガジン）

Zero が数字の 0 という意味なのは当然ですが，もうひとつ，zero of a function（関数の零点）という概念があります．関数 $y=f(x)$ があるとき，$f(x)=0$ となる x を zero といいます．例えば，$f(x)=(x-1)(x-2)$ の zero は，$x=1, x=2$ になります．つまり，関数 = 0 という方程式の解のことです．英語では zero ですが，日本語では零点といいます．

証明できたら 100 万ドル授与されるミレニアム問題のひとつであるリーマン予想は，ゼータ関数の自明でない zero（零点）の実数部分はすべて $\frac{1}{2}$ であるというもので，2021 年 11 月現在，未解決です．

因みに，oval（卵形線）と聞けば卵の形に近い曲線を思い浮かべますが，定義としては「内側の任意の 2 点を結ぶ線分がその曲線の中にある閉じた曲線」というもので，円や楕円はもちろん，陸上競技のトラックや三角形・四角形などの凸多角形も含まれます．

Ellipse（楕円）の定義は，2 つの焦点 S, T からの距離の和 PS + PT が一定である点 P の軌跡で，2 点からその距離より長い糸をピーンと張って描くことができます．

実際の卵の形に近い曲線としては，Ellipse に定義が似ている以下の 2 つが知られています．

■Cartesian oval（デカルトの卵形線）

2 つの焦点 S(0, 0), T(c, 0) からの距離を PS, PT とするとき，PS + mPT が一定の値 d である点 P の軌跡で，方程式は次式になります．

$$\left\{(1-m^2)(x^2+y^2)+2m^2cx+d^2-m^2c^2\right\}^2=4d^2(x^2+y^2) \tag{1}$$

これは 2 つの図形が現れ，定数の値によって，円や楕円や双曲線になったりします．

なお，$m=1$ の時は式 (1) より楕円

$$\left\{2cx+d^2-c^2\right\}^2=4d^2(x^2+y^2)$$

となり，長軸を $2a$，短軸を $2b$ として高校の教科書風に整理すると次式になります．

$$\frac{\left(x-\frac{c}{2}\right)^2}{a^2}+\frac{y^2}{b^2}=1$$

Cartesian ovalは，アナログではEllipseと似た方法で描けますが，一方の糸だけ2重にするという方法をJames Clerk Maxwell (1831-1879)が見つけました．

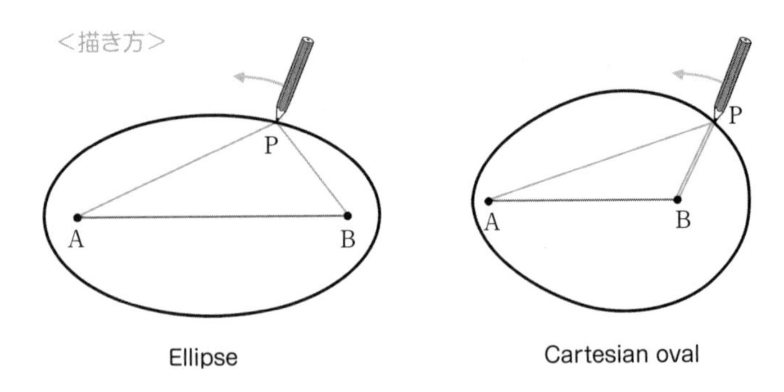

Ellipse　　　　Cartesian oval

■Cassini oval（カッシーニの卵形線）

2つの焦点S$(-c,0)$，T$(c,0)$からの距離の積PS × PTが一定の値d^2である点Pの軌跡で，方程式は次式になります．

$$(x^2+y^2)^2-2c^2(x^2-y^2)+c^4=d^4 \tag{2}$$

下の図は卵形ですが，定数によって∞の形やピーナッツのような形にもなります．

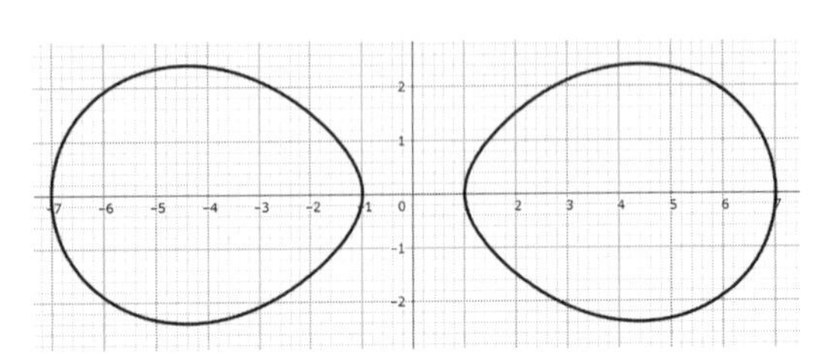

Cassini oval（$c=5$，$d=4.9$のとき）

50 Duck's Egg 問題

Prove (1) and (2).

（解答は巻末）

keyword 51

Hemisphere

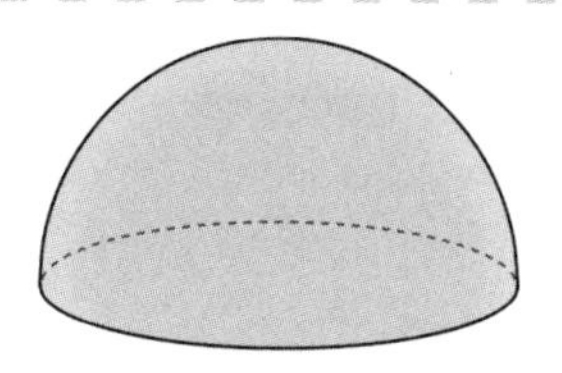

半円のことを semicircle といいますね．Circle は円ですから，semi は半分という意味になります．他にも quadrant（4 分の 1 円），three quarter circle（4 分の 3 円）といういい方があります．

Quadrant は「象限」の訳語だとばかり思っていたので，「4 分の 1 円」という意味があるのは意外だったのですが，もっと意外だったのはもともと「四分儀」という天体の高度を観測するのに用いられた機器のことであって，quadrant が「象限」を意味するのは 2 次元平面上だけだということです．つまり，x 軸と y 軸で分かれる quad（4 つの）領域だけが quadrant と呼ばれるわけです．

また，3 次元における「象限」は，x 軸と y 軸と z 軸で分かれる oct（8 個の）領域なので octant といい，これももともとの意味は「八分儀」（天体の高度や水平方向の角度を測るための道具）です．

なので，次元に関係なく「象限」は，quadrant でも octant でもなく，orthant というのが正しいようです．従って，n 次元空間には 2^n 個の orthant（象限）が存在するということになります．

さて，半円のことを semicircle というので，半球は semisphere なのかと思ったら，**hemisphere** といいます．もともと semi はラテン語起源，hemi はギリシア語起源だそうですが，なぜこのような違いになったのか不思議ですね．

▶ Quiz 13
北半球は Northern hemisphere.
では南半球は？

▶ Answer 13 Southern hemisphere

頭に semi がつくものは他に，semiannual（年に 2 回），semifinal（準決勝）などがあります．また，hemi がつくものは，hemicylinder（円柱を縦に半分に切った雨どいのような形）があります．

因みに，demi もフランス語で半分の意味があり，tasse がコーヒーカップという意味なので，demitasse coffee は小さいカップに入れたコーヒーのことをいいます．

そしてさらに，イギリス英語で quaver は音楽用語の 8 分音符，semiquaver は 16 分音符，demisemiquaver は 32 分音符，hemidemisemiquaver は 64 分音符という意味なんです．これは驚きですよね．

51 Hemisphere 問題

Calculate the spherical layer's volume that remains from the hemisphere after the $v\,(=3)$ cm section is cut. The height of the hemisphere is $r\,(=10)$ cm. (Hemisphere Problems)

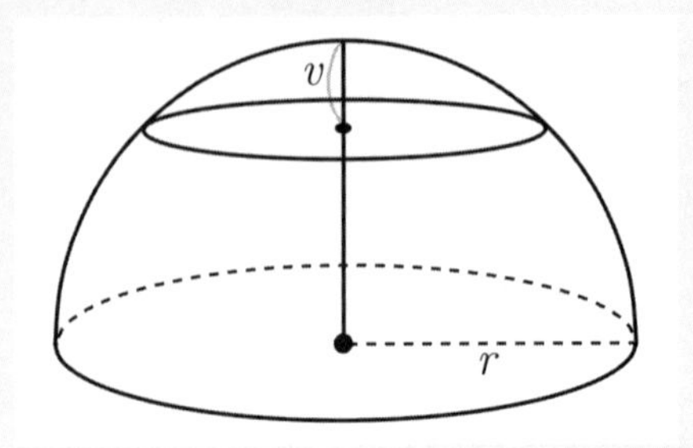

（解答は巻末）

keyword 52

Hypotenuse Leg Theorem

日本の中学数学２の教科書には，三角形の合同条件（triangle congruence theorems/postulates）は次の３つが書かれています．

①３組の辺がそれぞれ等しい（SSS＝Side Side Side）
②２組の辺とその間の角がそれぞれ等しい（SAS＝Side Angle Side）
③１組の辺とその両端の角がそれぞれ等しい（ASA＝Angle Side Angle）

加えて直角三角形の合同条件として以下の２つが述べられています．

④斜辺と１つの鋭角がそれぞれ等しい
（RHA＝Right Triangle Hypotenuse Angle）
⑤斜辺と他の１辺がそれぞれ等しい
（RHS＝Right Triangle Hypotenuse Side）

しかし，③を言いかえると「2組の角とその間の辺がそれぞれ等しい（ASA）」となり，④は「2組の角とその間にない対応する辺がそれぞれ等しい（AAS/SAA）」とすれば直角三角形でなくても言えるので，この③と④をまとめて「2組の角と1組の対応する辺がそれぞれ等しい（AAcorrS＝A A corresponding S）」とした方がより広い範囲で三角形の合同条件を示したことになります．

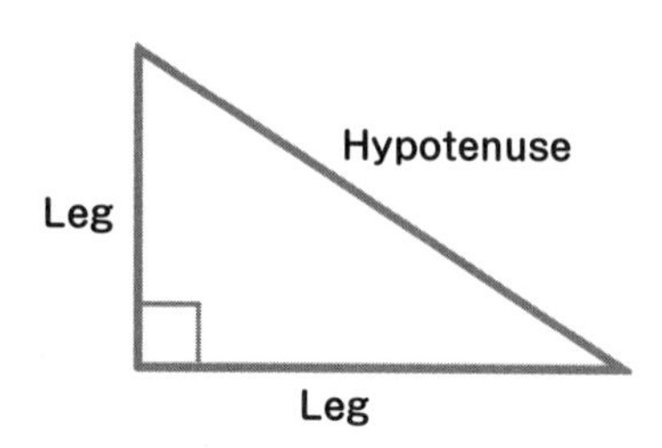

⑤については三平方の定理＝ピタゴラスの定理を知っていれば容易に「3組の辺がそれぞれ等しい」ということがわかるのですが，この定理を使うには直角三角形という条件が必要です．日本の教科書ではまだこの定理を学習していない中２で登場しますから，例えば２つの直角三角形を背中合わせにして２等辺三角形をつくり，底角が等しいことを使って証明するとか，また

は2つの直角三角形の一方の底辺を延長させ，やはり2等辺三角形をつくって証明する方法があります．これによって証明された「斜辺と他の1辺がそれぞれ等しい直角三角形は合同である」という結論は，**"Hypotenuse Leg Theorem (HL)"** と呼ばれています．

従って，直角三角形の場合も含めて一般の三角形の合同条件は，次の4つですべての場合が言えることになります．

①3組の辺がそれぞれ等しい（SSS）
②2組の辺とその間の角がそれぞれ等しい（SAS）
③④2組の角と1組の対応する辺がそれぞれ等しい (AAcorrS)
⑤直角三角形の斜辺と他の1辺がそれぞれ等しい
Hypotenuse Leg Theorem（HL or RHS）

因みに，日本の中学校の教科書では，三角形が一通りに決まる条件を図で考えさせて三角形の合同条件が導入されています．この理由として次の2つが考えられます．

1) ユークリッドの「原論」ではすべてが定理として証明されているが，その証明が非常に難しい．

2)「現代数学の父」と呼ばれたドイツの数学者ヒルベルト（David Hilbert 1862-1943）が，ユークリッド幾何学を現代的に扱うために1899年に著した「幾何学基礎論（The Foundations of Geometry)」の中で，「2組の辺とその間の角がそれぞれ等しい」を三角形の合同の公理（証明しなくても成り立つとして良い命題）としている．

leg は足じゃなくて
辺！

keyword 53

Intercept Theorem

さえぎる，横取りする，傍受する，迎撃する，球技で相手のパスを奪うなど，いろいろな意味を持つ intercept ですが、数学でよく使われるのは，グラフでいう切片です．普通，intercept は y-intercept（y 切片），すなわち y 軸との交点の y 座標のことをいい，x-intercept（x 切片）は x 軸との交点の x 座標のことをいいます．

一方，切片はもともと切れ端という意味もあるので，secant（割線）や transversal（横断線）によって切り取られる segment（線分）もこう呼ばれます．

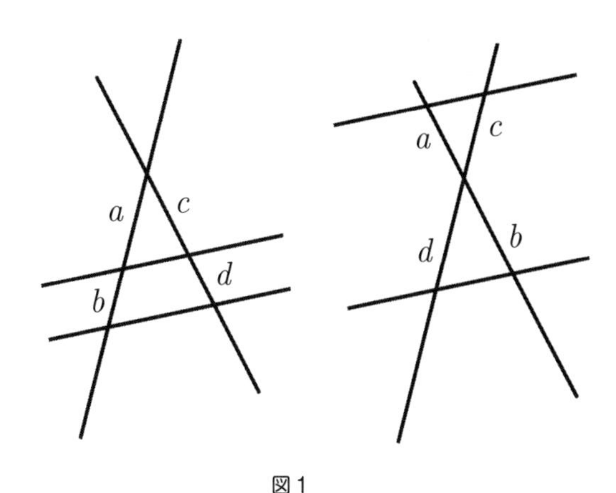

図 1

Intercept theorem は，2 本の交わる直線と複数の平行な直線が交わってできる segment（平行な直線によって切り取られる線分）の比が等しいという定理で，図 1 の場合なら

$$a : b = c : d$$

が成り立つという定理です．日本の中学数学 3 の教科書では，「平行線と線分の比の定理」と呼ばれています．英語で Thales' Theorem と呼ばれる場合もありますが，同名の異なる定理が他にもあるのであまりこう呼ばない方がいいかも知れません．

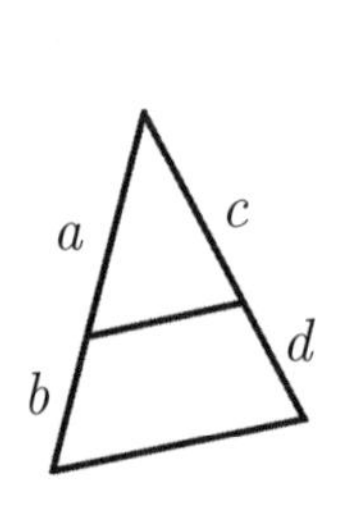

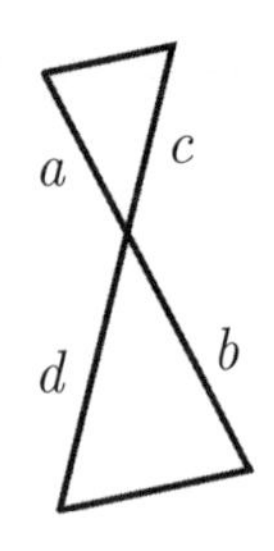

図 2

[証明] 2つの三角形は容易に相似と分かりますから，図 1 右の場合，相似比より，

$$a : b = c : d$$

図 1 左の場合，相似比より，

$$\begin{aligned} a : (a+b) &= c : (c+d) \\ \Leftrightarrow a(c+d) &= c(a+b) \\ \Leftrightarrow ac+ad &= ac+bc \\ \Leftrightarrow \quad ad &= bc \\ \Leftrightarrow \quad a : b &= c : d \end{aligned}$$

図 1 の突き抜けた部分を削除した図 2 の場合は，**triangle intercept theorem** といい，日本の中学数学 3 の教科書の相似のところで登場する「三角形と比の定理」がこれに当たります．

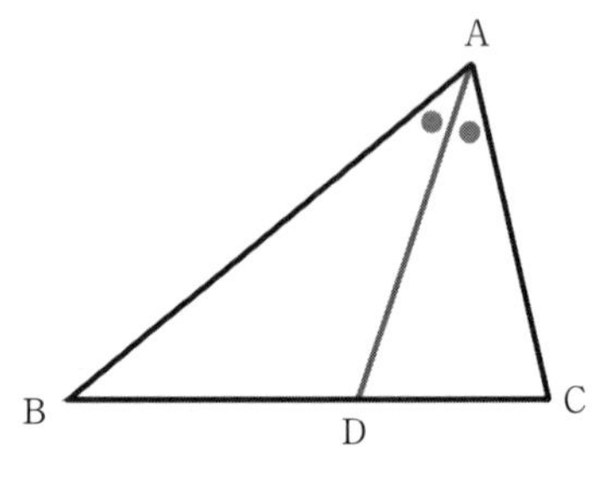

図 3

この定理を利用して証明できるもので，angle bisector theorem（角の二等分線定理）があります．図３のように，△ABC で∠A の二等分線と直線 BC との交点を D とするとき、AB:AC＝BD:DC が成り立つという定理です．証明方法はいくつかありますが，BA の延長線上に AD//EC となる点 E をとる方法がよく知られています．

日本の中学数学３の教科書では **triangle intercept theorem** の後に，midsegment theorem 別名 midpoint (connector) theorem（中点連結定理＝中国語では「中點定理」）が登場します．

＜中点連結定理＞ midsegment theorem / midpoint (connector) theorem

△ABC の２辺 AB, AC のそれぞれの中点を結んだ線分は，残りの辺 BC と平行かつ長さはその半分となる．

＜中点連結定理の逆＞

△ABC の２辺 AB, AC 上に端点を持つ線分が，残りの辺 BC と平行かつ長さがその半分となるとき，線分の端点は各辺の中点になる．

次の場合も「中点連結定理の逆」と呼ばれる場合があります．

△ABC の辺 AB の中点 M を通り辺 BC に平行な直線と，残りの辺 AC との交点 N は、辺 AC を二等分する．（triangle intercept theorem 中国語では「截線（せっせん）定理」）

intercept！
アメフトやバスケットでも！

keyword 54

Midsegment Theorem

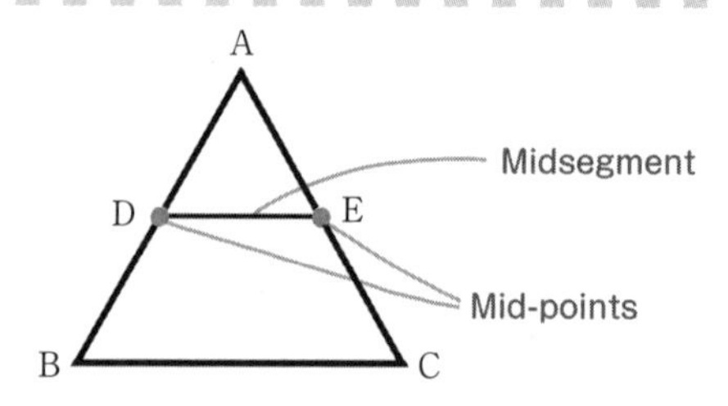

三角形の２辺の中点を結んだ線分を midsegment といい，midsegment がもう一つの辺と平行で長さが半分であるという定理が **midsegment theorem** で，midpoint theorem（中点定理）ともいい，日本の中学数学３の教科書では中点連結定理と呼ばれています．直訳すると midpoint connector theorem となりますが，この表現はあまり使われていません．かといって midsegment の方も適した日本語訳はありません．

他にも segment in triangle（三角形の中にできる線分）は，この midsegment 以外にもいろいろあり，特に次の４つは有名で，special segments in triangle として紹介されます．

① median（中線）

頂点とその対辺の中点を結んでできる線分で，それらの交点は centroid（重心）になります．

② altitude（垂線）

頂点から対辺に垂直に降ろした線分で，それらの交点は orthocenter（垂心）になります．

③ angle bisector（内角の２等分線）

内角を２等分する線分で，それらの交点は incenter（内心）になります．

④ perpendicular bisector（垂直２等分線）

辺の中点を通りその辺に垂直な線分で，それらの交点は circumcenter（外心）になります．

このうち上の３つは，三角形の頂点から対辺に降ろした線分 Cevian（チェバ線）の一種でもあります．

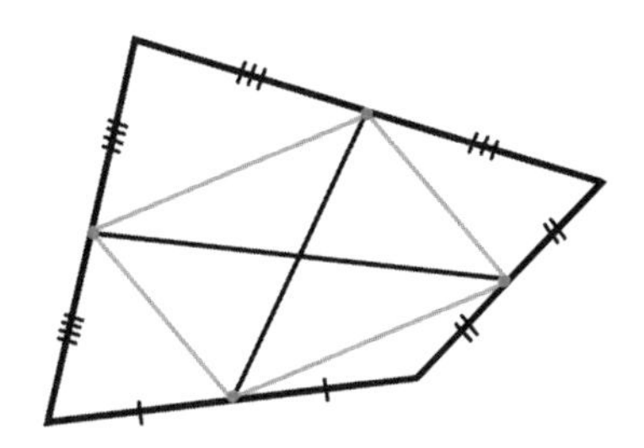

日本の中学数学3の教科書には中点連結定理の応用として，「任意の四角形の各辺の中点を隣同士順につないでいくと平行四辺形になる」ことを証明するという問題が必ずあります．この定理を Varignon's Theorem といい，この平行四辺形を Varignon parallelogram といいます．四角形や四面体の対辺の中点同士を結んでできる線分を bimedian といいますが，これは Varignon parallelogram の対角線に当たるので，互いに他を2等分します．

さて，三角形の midsegment を3本引くと4つの三角形に分かれます．その中央だけを抜いて残りの3つにまた同じことをして繰り返すと，図のような Sierpiński triangle（または Sierpiński gasket または Sierpiński sieve）と呼ばれる fractal（自己相似）図形になります．

長さ$\frac{1}{m}$の相似図形がn個残る場合の fractal dimension（フラクタル次元）は$\log_m n$と定義されます．従ってこの場合は，長さ$\frac{1}{2}$の相似図形が3つ残りますから，Sierpiński triangle の fractal dimension は$\log_2 3 = 1.584962501... \approx 1.58$となります．

54 Midsegment Theorem 問題

Find the fractal dimension of Cantor set and Koch curve.

（解答は巻末）

keyword 55

Net

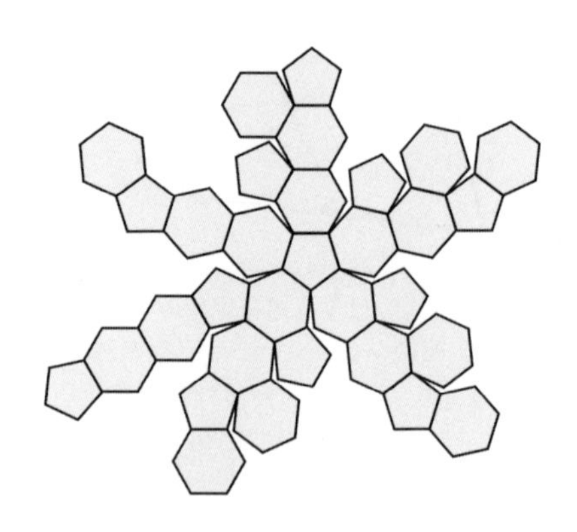

Netと聞くと「網」，または「インターネット」という意味しか思いつかないので，こんな数学用語があるのかなと思います．「数学英和・和英辞典」（小松勇作編・共立出版）には次のように掲載されています．

net　a. 正味の． n. 正価；網．
net present worth 正味原価． net price 正価．

しかし，これは数学用語とは言い難いですね．実はnetには他にもこの辞典には載っていない2つの意味があります．

初等幾何学

初等幾何学においては，立体の「展開図」という意味で使われています．特に，nets of cube（立方体の展開図）のパターンは11種類あることが知られています．上図のnetは，truncated icosahedron（切頂二十面体）のものです．文字通りicosahedron（正二十面体）の各頂点を切り落としてできる立体で，32面（正五角形12+正六角形20）あります．よくあるサッカーボールはこれを膨らませたものです．

位相幾何学

位相幾何学においては，点列を一般化した概念でnetという用語があります．これはMoore-Smith sequenceとも呼ばれています．

Definition

A directed set is a nonempty set $\boldsymbol{I}$ with a relation such that

(1) $\alpha \preceq \alpha$ whenever $\alpha \in \boldsymbol{I}$;

(2) if $\alpha \preceq \beta$ and $\beta \preceq \gamma$, then $\alpha \preceq \gamma$;

(3) for each pair α, β of elements of $\boldsymbol{I}$ there is a $\gamma\alpha\beta$, in $\boldsymbol{I}$ such that $\alpha \preceq \gamma\alpha\beta$ and $\beta \preceq \gamma\alpha\beta$.

That is, a directed set is a nonempty preordered set that satisfies (3).
A net or Moore-Smith sequence in a set X is a function from a directed set $\boldsymbol{I}$ into X. The set $\boldsymbol{I}$ is the index set for the net.
(An Introduction to Banach Space Theory by Robert E. Megginson)

日本語でいえば，有向集合（任意の2元が上界をもつ前順序集合）$\boldsymbol{I}$からある集合Xへの関数をnetと言います．簡単な例としては，高校数学に登場する普通の数列は，有向集合である正の整数から数全体の集合への関数といえるのでnetになります．

NetはMooreとSmithが1922年に紹介した概念ですが，netという用語は1950年のKelleyによる論文で初めて使われました．Kelleyは当初wayという用語を使おうとしたのですが，netにはsubnetという概念もあり，wayを使うとそれがsubwayとなって「地下鉄」と混同してしまうので，Norman Steenrodという人がwayの代わりにnetを使うよう提案したそうです．

立方体のnetは
11種類？
netで調べてみよう！

keyword 56

Oblique Triangle

三角形で, isosceles triangle（二等辺三角形）でも equilateral triangle（正三角形）でもない，3辺の長さが異なる三角形（a triangle that has three unequal sides）を scalene triangle（不等辺三角形）といいますが，この名称は日本の教科書ではほとんど使われていません．内田康夫著作の推理小説「浅見光彦シリーズ」に「不等辺三角形」というタイトルがあって，TV ドラマになったときにこの用語を初めて知りました．

Three Scalene Triangles

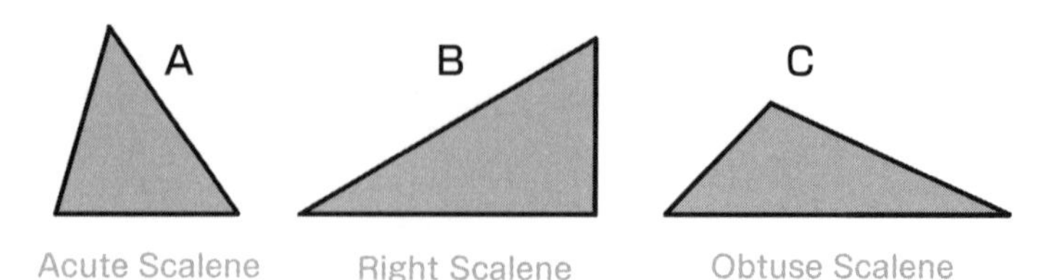

ところがさらに日本でほとんど使われていないのが，直角を持たない三角形，つまり直角三角形でない三角形 **oblique triangle**（非直角三角形または斜三角形）で, acute triangle（鋭角三角形）と obtuse triangle（鈍角三角形）をまとめたものです．英語の方を検索すると多数出てきますが，漢字の方を検索しても中国語のサイトばかりが出てきて，日本語のサイトはほとんど登場しません．Oblique はもともと「斜め」という意味で, oblique angle は「直角またはその倍数でない角（angles that are not right angles or a multiple of a right angle)」という意味です．

三角形の一部の辺や角を知って他の辺や角を求めることを「三角形を解く」といいますが，この場合，英語では "solving oblique triangles" ということが多いです．これは cosine rule（余弦定理）が，直角三角形では cos90° = 0 なので Pythagorean theorem（三平方の定理）になってしまうため，その場合を始めから区別して述べているわけです．

56 Oblique Triangle 問題

(1) In the oblique triangle ABC, find side c if side $a=5$, $b=10$, and they include and angle of 14° .
△ABC で，辺 $a=5$, $b=10$ でその間の角が 14° のとき，辺 c の長さを求めよ．

(2) AB is a line 652 feet long on one bank of a stream, and C is a point on the opposite bank. A = 53° 18', and B = 48° 36'. Find the width of the stream from C to AB.
（解答は巻末）

ところで日本の小中高で習う Euclidean geometry（ユークリッド幾何学）に対して，non-Euclidean geometry（非ユークリッド幾何学）という分野があります．こちらで定義される三角形は，内角の和が 180° になりません．elliptic geometry（楕円幾何学）の特別な場合である spherical geometry（球面幾何学）での spherical triangle（球面三角形）は，内角の和が 180° より大きく，540° より小さくなります．また，その反対の Hyperbolic Geometry（双曲幾何学）での hyperbolic triangle（双曲三角形）は，内角の和が 180° より小さく，0° になる場合もあります．

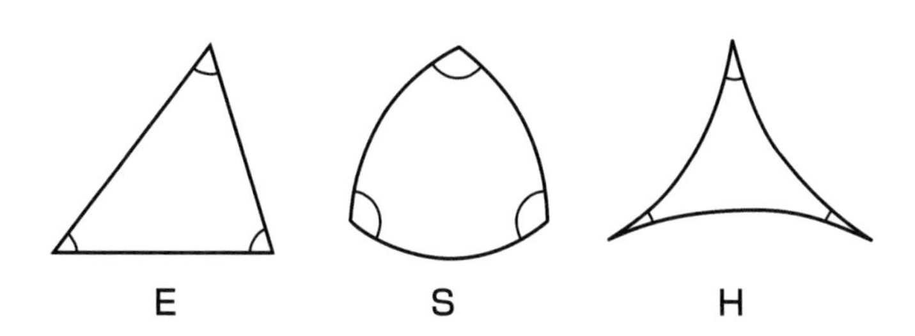

Spherical trigonometry（球面三角法）における三角形は，辺（弧）の長さが球の中心角と一致するのが特徴です．これは，半径を 1 として弧度法（半径と弧の長さが等しい扇形の中心角を 1 とする角度の表し方）を用いれば，扇形の弧の長さは中心角と一致するからです．つまり，扇形の弧の長さの公式 $l=r\theta$ で $r=1$ とすると，$l=\theta$ なので，例えば右図の球の半径が 1 で中心角 $a=\frac{\pi}{2}$（度数法では 90°）ならば弧 BC の長さは $\frac{\pi}{2}$ になります．

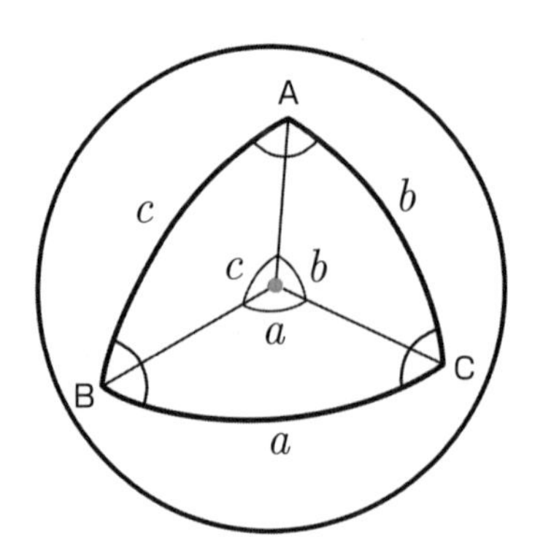

Spherical trigonometry でも平面上と同じように「三角形を解く」ことができ，正弦定理や余弦定理もあります．

spherical trigonometry の sine rule（正弦定理）

$$\frac{\sin a}{\sin A} = \frac{\sin b}{\sin B} = \frac{\sin c}{\sin C}$$

spherical trigonometry の cosine rule（余弦定理）

$$\cos a = \cos b \cos c + \sin b \sin c \cos A$$
$$\cos b = \cos a \cos c + \sin a \sin c \cos B$$
$$\cos c = \cos a \cos b + \sin a \sin b \cos C$$

$\sin a$ や $\cos b$ など，これまで角度だったところに辺の長さがあると少し違和感がありますが，半径 1 の円で弧度法を使えば，辺の長さと角の大きさが同じ値なのでこのような表現になります．これらの定理の証明は他サイトにありますので探してみてください．

因みに筋肉の名称に abdominal oblique muscle（腹斜筋）というものがあります．これはよく言う「横腹の筋肉」のことです．scalene muscles（斜角筋）というのもあります．首筋にあるのですが，3 つあってどれも長さが異なり，「不等辺」になっています．

keyword 57

Pizza Theorem

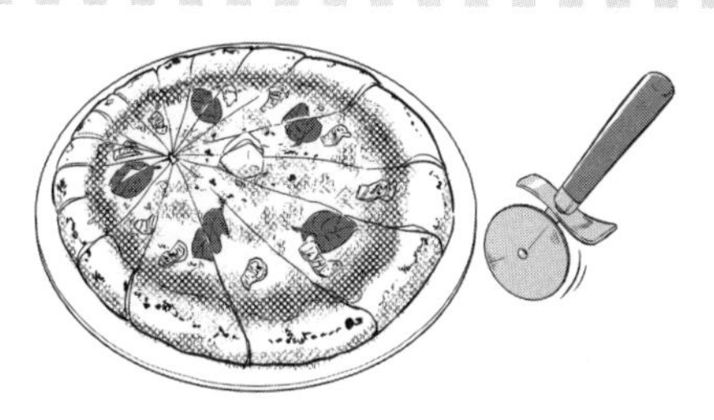

食べ物の名前のついた定理がいくつかあります．

Pancake Theorem（パンケーキの定理）

「2つのパンケーキ（形は円でなくてもよいし，重なっていても離れていてもよい）は1つの直線でそれぞれを2等分できる」という定理で，それを3次元に拡張したものをHam Sandwich Theorem（ハムサンドイッチの定理）といいます．

Chicken McNugget Theorem（チキン・マックナゲットの定理）

「互いに素な m 個入り，n 個入りパックの組み合わせで買えない最大の個数は $mn-m-n$ 個である」という定理で，もともとチキン・マックナゲットが9個入り，20個入りで販売されていたのが発祥の定理です．

Pizza Theorem（ピザ の定理）1968 年

ピザ（この形は円でなければいけません）を，円内の任意の点Pを通る $2n$ 本の直線で中心角が $\frac{\pi}{2n}$ (radian) になる扇形みたいな図形 $4n$ 個に分割したとき，分割された各部分を2人で同じ方向に交互に取っていくと，その和がそれぞれ同じ面積になる．ただし，$n \geq 2$.

▶ **Quiz**[14]

$n=1$ のときの分割は何本の直線でいくつに分割し，できたおうぎ形みたいな図形の中心角は何度でしょう？

▶ **Answer**[14]　2本の直線で4分割，中心角は $\frac{\pi}{2}$ (radian) $= 90°$

下図でいうと，同じ色の部分の面積の和がそれぞれ等しいという定理です(1999年には「n人で交互に取っていっても，その和がそれぞれ同じ面積になる」ことが示されました).

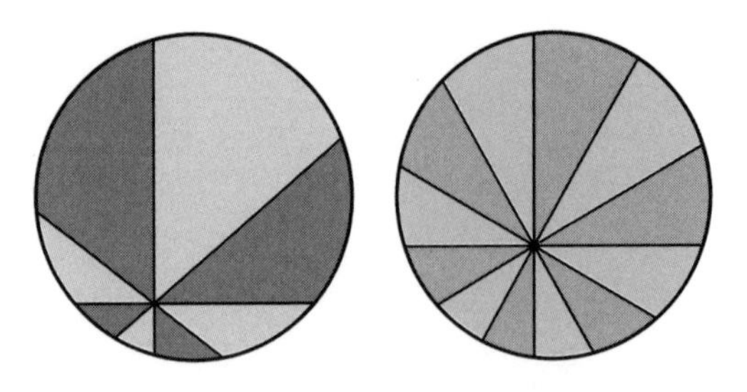

$n=2$のとき4本で8分割，$n=3$のとき6本で12分割

$n=1$のとき，すなわち2本で4分割したときはなぜダメなのでしょう.

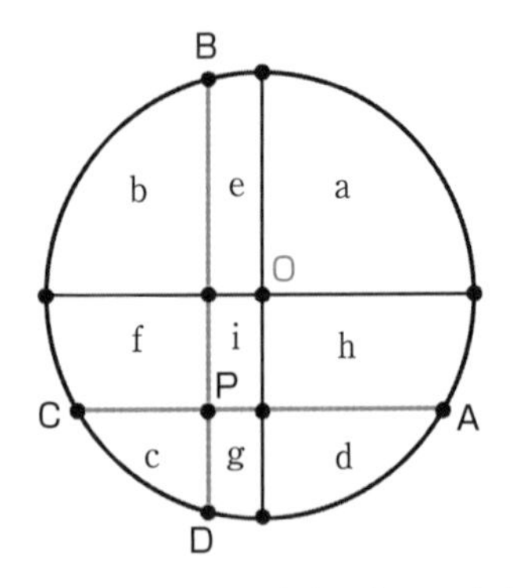

図の円の半径をR，中心をOとします．点Pで直交する2本で4分割されたとして，中心Oを通る2本の直径とでできる9個の領域をa～iとすると，

$$
\begin{aligned}
\text{右上}+\text{左下} &= \mathrm{a}+\mathrm{e}+\mathrm{h}+\mathrm{i}+\mathrm{c} = \mathrm{a}+(\mathrm{i}+\mathrm{g})+(\mathrm{i}+\mathrm{f})+\mathrm{i}+\mathrm{c} \\
&> \mathrm{a}+\mathrm{g}+\mathrm{f}+\mathrm{i}+\mathrm{c} = \frac{\pi R^2}{2}
\end{aligned}
$$

となり，右上＋左下＞半分＞左上＋右下になるからです．つまり，4分割では交互に取っても2人の取り分は同じ面積になりません.

$n=2$のとき，すなわち4本で8分割したときに定理が成り立つことを確認してみましょう.

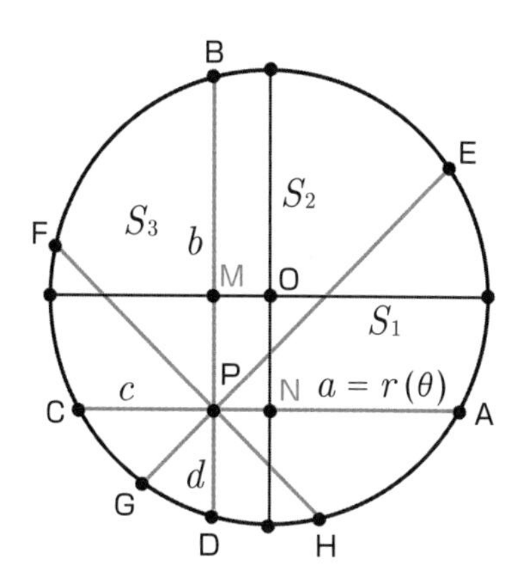

図で $PA = r(\theta)$，$PE = r\left(\theta + \dfrac{\pi}{4}\right)$ とすると，扇形みたいな形 APE は，θ を細かくすると，ほとんど扇形になるので，扇形の面積の公式 $S = \dfrac{1}{2}r^2\theta$ より，$\Delta S = \dfrac{1}{2}r(\theta)^2\Delta\theta$ となりますから，この部分の面積 S_1 は

$$S_1 = \int_0^{\frac{\pi}{4}} \frac{1}{2}r(\theta)^2 d\theta$$

となります．これから交互に 4 つ取ると，

$$S_1 + S_3 + S_5 + S_7$$
$$= \int_0^{\frac{\pi}{4}} \frac{1}{2}\left\{r(\theta)^2 + r\left(\theta + \frac{\pi}{2}\right)^2 + r(\theta + \pi)^2 + r\left(\theta + \frac{3\pi}{2}\right)^2\right\} d\theta$$

となりますが，これは

$$\int_0^{\frac{\pi}{4}} 2R^2 d\theta \tag{1}$$

となることが分かっていて（理由はこの後すぐ），するとこの続きは

$$\int_0^{\frac{\pi}{4}} 2R^2 d\theta = 2R^2 \int_0^{\frac{\pi}{4}} d\theta = 2R^2 \left[\theta\right]_0^{\frac{\pi}{4}} = 2R^2 \cdot \frac{\pi}{4} = \frac{\pi R^2}{2}$$

となって，交互に取った 1 人分の面積はちょうど円の半分になることが分かります．

さて (1) の理由です．

$$r(\theta) = PA = a,\ r\left(\theta + \frac{\pi}{2}\right) = PB = b,$$

$$r(\theta + \pi) = PC = c,\ r\left(\theta + \frac{3\pi}{2}\right) = PD = d \text{ とすると，}$$

$$R^2 = OA^2 = ON^2 + NA^2 = MP^2 + NA^2 = \left(\frac{b-d}{2}\right)^2 + \left(\frac{a+c}{2}\right)^2$$

$$R^2 = OB^2 = OM^2 + MB^2 = NP^2 + MB^2 = \left(\frac{a-c}{2}\right)^2 + \left(\frac{b+d}{2}\right)^2$$

辺々加えると，

$$2R^2 = \frac{1}{2}\left(a^2 + b^2 + c^2 + d^2\right)$$

となり，(1) が示されました．

因みに，Wolfram MathWorld には the second pizza theorem というのが紹介されていて，こう書かれてありました（笑）．

> This one gives the volume of a pizza of thickness a and radius z:
> pi z z a.

keyword 58

Plan and Elevation

この2つの用語 **Plan and Elevation** が出てくる話はなんでしょうかと聞かれたら，まず「計画」と「標高／高度」が思い浮かぶので，登山か飛行の話かなと思ってしまいますが，これは日本の中1数学の教科書でいう投影図の中の平面図と立面図に当たります．

a) Plan

真上または真下から見た図．建築物の floor plan といえば間取図という意味になります．

b) Elevation

立面図と側面図を合わせて縦面の図．見る方向によって front elevation, side elevation などと呼ばれ，建築物の外観を表すのによく使われています．Graphical projection（投影図）は立体を平面上に描いた図の総称なので，他にもいろいろあります．Haese Mathematics 社の "MATHEMATICS FOR YEAR 8 (Fifth Edition)" では，次の2つが紹介されています．

c) oblique projection（斜投影図）の代表的なもので cabinet projection（キャビネット投影法）

正面は長さの比を変えず、奥行きだけ2分の1にして，座標軸を45°の傾きで描く．

d) isometric projection（等角投影図／等軸測投影図／等測投影法）

すべて長さの比を変えず，座標軸を30°の傾きで描く．

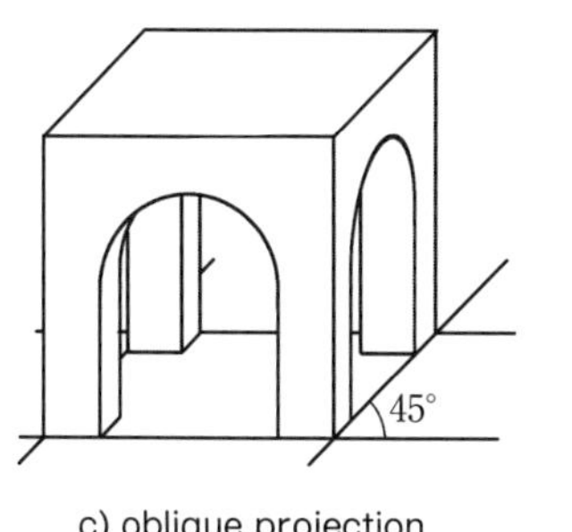

c) oblique projection

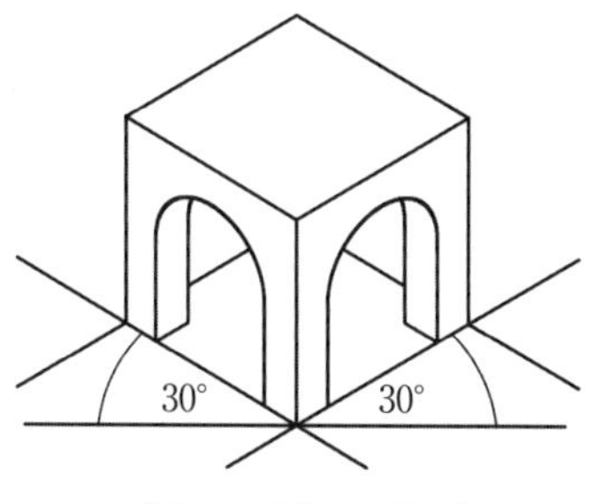

d) isometric projection

以上4つは座標軸に平行に描くので，parallel projection（平行投影図）の一種になります．

さらに，座標軸にparallelにならないものがあります．

e) perspective projection（透視投影図）

この中には遠近法による1 point perspective（一点透視），2 point perspective（二点透視），3 point perspective（三点透視）などがあります．Sketch（見取図）を実物と見た目をできるだけ同じように書くなら，3 point perspectiveが最も適しているといえます．

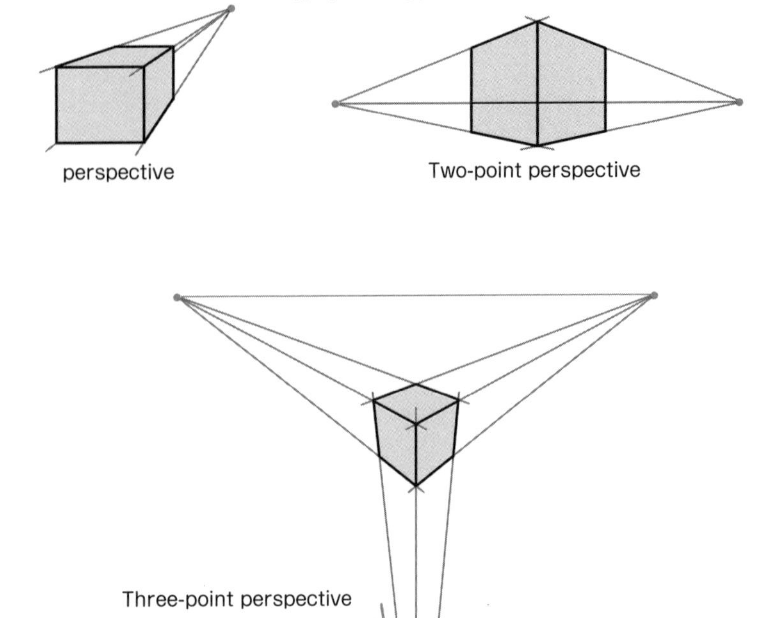

58 Plan and Elevation 問題

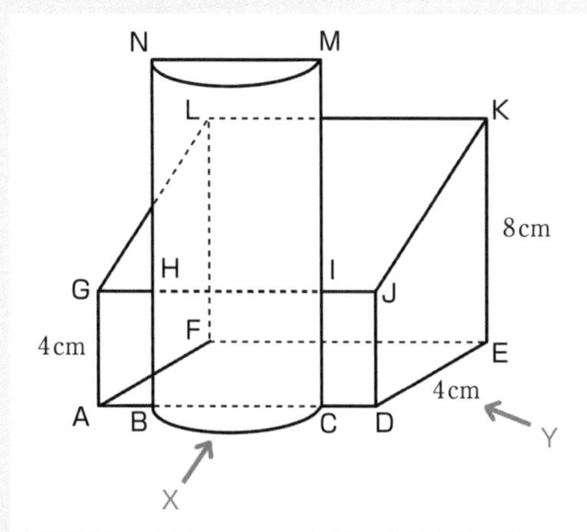

The diagram shows a solid consisting of a right prism and a half-cylinder which are joined at the plane HICB. The base ABCDEF is on a horizontal plane. The rectangle LKJG is an inclined plane. The vertical plane JDEK is the uniform cross-section of the prism. AB = CD = 2cm. BC = 4cm. CM = 12cm.

Draw to full scale

(a) The plan of the solid

(b) The elevation of the solid on a vertical plane parallel to ABCD as viewed from X.

(c) The elevation of the solid on a vertical plane parallel to DE as viewed from Y.

(by SPM Mathematics)

（解答は巻末）

keyword 59

Power of a Point Theorem

Power of a point theorem は「方べきの定理」のことをいいます．日本語からは想像できない英語なので意外ですね．power of a point は直訳すると「点の力」，「点の冪（べき）」となります（数学用語で power はべき＝累乗という意味もある）．これが「方べき」にあたることになるのでしょうか．

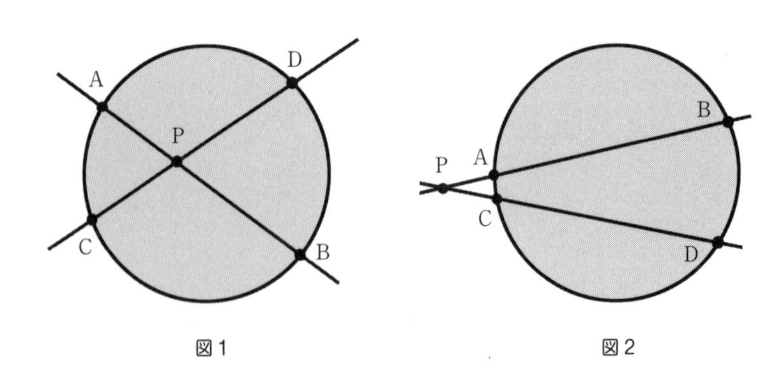

図1　図2

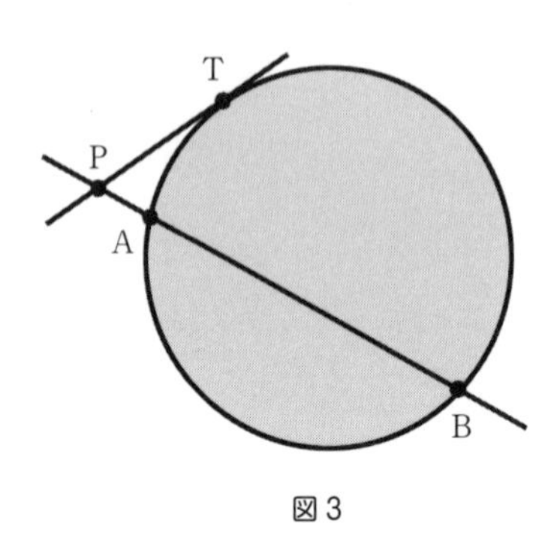

図3

日本の高校教科書にある方べきの定理は，図1と図2の場合，

$$PA \cdot PB = PC \cdot PD$$

図3の場合，

$$PA \cdot PB = PT^2$$

が成り立つとなっています．

この定理はもともとEuclid's Elements Book III（ユークリッドの「原論」第3巻）にあります.

Proposition 35（第35命題）

"If in a circle two straight lines cut one another, then the rectangle contained by the segments of the one equals the rectangle contained by the segments of the other."

「ある円の中で2本の直線が交わっているとき，一方の2線分でできる長方形（の面積）と他方の2線分でできる長方形（の面積）は等しい」

これは図1で，

$$\mathrm{PA} \cdot \mathrm{PB} = \mathrm{PC} \cdot \mathrm{PD}$$

が成り立つという意味になります.

Proposition 36（第36命題）

"If a point is taken outside a circle and two straight lines fall from it on the circle, and if one of them cuts the circle and the other touches it, then the rectangle contained by the whole of the straight line which cuts the circle and the straight line intercepted on it outside between the point and the convex circumference equals the square on the tangent."

「ある円の外の点を通る2本の直線の一方が円と交わり，他方が円と接しているとき，外の点と交点を結ぶ2線分でできる長方形（の面積）と接線の上の正方形（の面積）は等しい」

これは図3で，

$$\mathrm{PA} \cdot \mathrm{PB} = \mathrm{PT}^2$$

が成り立つという意味になります.

以上まとめると，

$$\mathrm{PA} \cdot \mathrm{PB} = \mathrm{PC} \cdot \mathrm{PD} = \mathrm{PT}^2 \tag{1}$$

というわけで「方べき」は「長方形の2辺の積」「正方形の1辺の2乗」という意味だと考えられます.

GeoGebraでこの面積を視覚化したものを作り，色を置き換えてみました.

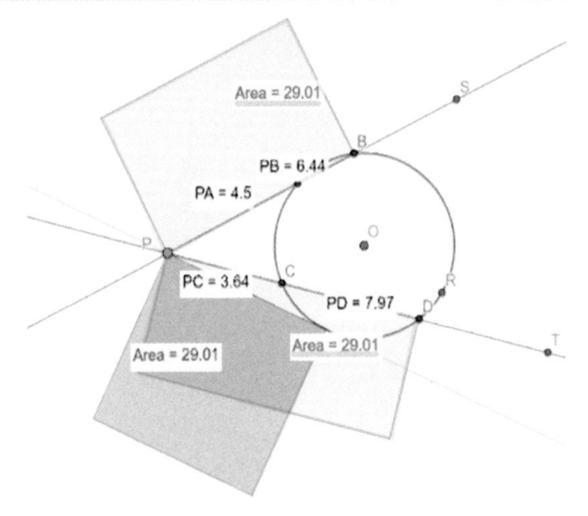

長方形と正方形の面積が一致する

Euclid's Elements (BC300) から約2000年を経た1826年に，power of a point はスイスの数学者 Jacob Steiner によって次のように定義されました．

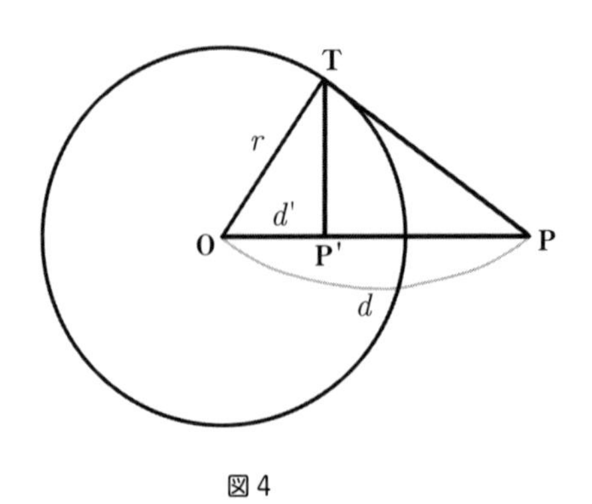

図4

図4で，点Pから円の中心までの距離を d，円の半径を r とするとき，

$$p = d^2 - r^2 \qquad (2)$$

この値は，点Pが円外なら $d > r$ なので

$$p = d^2 - r^2 = \mathrm{PT}^2$$

という正の数になり，円上なら $d=r$ なので 0 になり，点 P' のように円内なら $d'<r$ なので

$$p=d'^2-r^2=\mathrm{P'T}^2$$

という負の数になります．従って，式(1)は式(2)の絶対値になっています．

具体例を見てみましょう．$r=1$，$d=\frac{5}{3}$ のとき，円外の点 P の power of the point は，

$$p=\left(\frac{5}{3}\right)^2-1^2=\frac{16}{9}$$

円内の点 P' の power of the point は，$d'=\frac{3}{5}$ なので，

$$p=\left(\frac{3}{5}\right)^2-1^2=-\frac{16}{25}$$

となり，このときの点 P と点 P' は inversive geometry（反転幾何学）という分野の inverse point という関係になります．

Steiner は弦から点へと視点を移し，d^2-r^2 という不変量で power of a point を定義しました．今となっては，「長方形，正方形の面積」というよりは「円に対して点が持つ値」，まさに文字通り「点の力」というべきではないでしょうか．

因みに，図 1 の場合を "intersecting chords theorem（直訳：交弦定理）"，
図 2 の場合を "intersecting secants theorem（直訳：交割線定理）"，
図 3 の場合を "secant-tangent theorem（直訳：割線接線定理）" と呼ぶ場合があります．

keyword 60

Radii

図形（三角形，四角形など）がすべることなく転がるときに，その頂点のひとつが描く locus（軌跡）の長さを考えてみましょう．

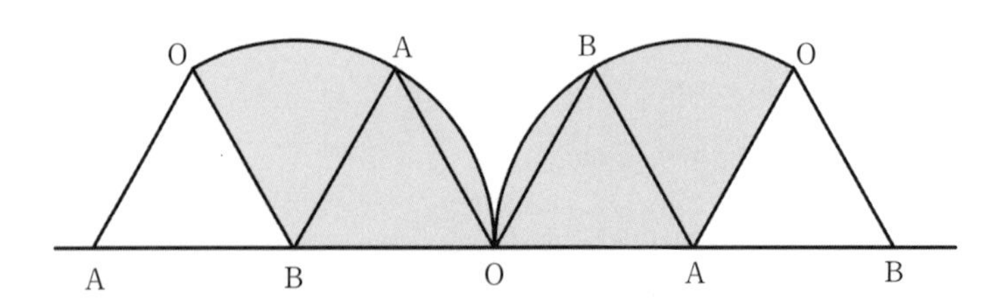

例えば上の図で1辺10の正三角形OABがすべることなく転がって1回転するとき，点Oの locus は，radius（半径）が10，central angle（中心角）が120°の sector（おうぎ形）の弧2つ分になります．

日本では小中学校で度数法を使い，高校では弧度法を使って sector の弧の長さや面積を求めます．sector の radius を r，central angle を度数法で $a°$，弧度法で θ（単位は radian）とすると，上図の弧のひとつの長さは次のようになります（≈は≒と同じ意味ですが，≈の方が海外のテキストではよく見られます）．

小学校　円周 $\times \frac{a}{360} \approx 20 \times 3.14 \times \frac{120}{360} = 62.8 \times \frac{1}{3} \approx 20.9$

中学校　$2\pi r \times \frac{a}{360} = 2\pi \times 10 \times \frac{120}{360} = \frac{20}{3}\pi$

高校　$r\theta = 10 \times \frac{2}{3}\pi = \frac{20}{3}\pi$

ちょうど1回転した場合の locus はこの2倍なので $\frac{40}{3}\pi$ になります．

さて，前置きが長くなりましたが，この sector についての説明が，あるテキストにこう書かれてありました．

A part of a circle bounded by two **radii** is called a sector.
（新中学問題集中1数学英語版）

話の流れからこの radii は radius の複数形だと気づきますが，この形は珍しいですね．知らないと一瞬考えこんでしまいます．しかも調べてみたら，発音が réɪdiàɪ（レイディアイ）．私は最初，ラディイだと思いました．実は

locus も複数形は loci で発音は loʊsaɪ（ロウサイ）．この形はラテン語が語源の単語に多いそうです．

▶ **Quiz**[15]

radii は radiuses，loci は locuses という表現も使えるでしょうか？

①どちらも複数形は 2 種類あって全部使える
② radius の複数は radii だけである
③ locus の複数は loci だけである
④どちらも複数形は 1 種類だけである

この radii という用語から少しそれてしまいますが，sector についての話をもう少し．

ここでの sector は円の一部なので，そのことを強調する場合は circular sector といいます．なぜなら他に hyperbolic sector, spherical sector があるからです．下図の色のついた部分が circular sector, hyperbolic sector で，この場合の面積 S はどちらも $\frac{t}{2}$ になります．確かめてみましょう．

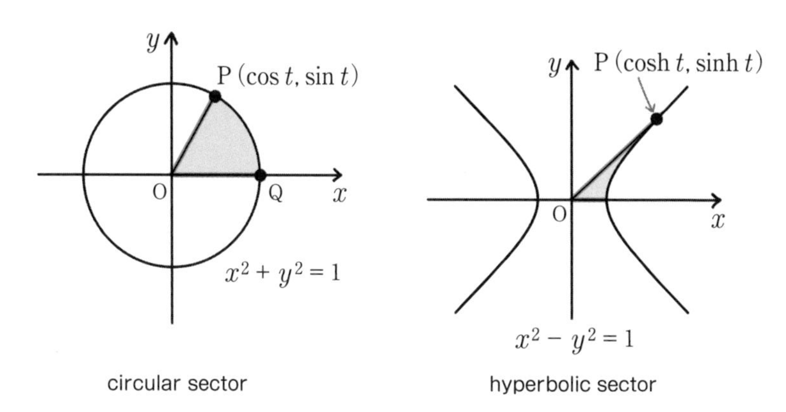

circular sector　　　hyperbolic sector

▶ **Answer**[15]　正解は③です．つまり，radius の複数形は radii でも radiuses でもいいのですが，locus の複数形は loci だけなんです．ややこしいですね．

circular sector は，面積の公式 $S=\frac{r^2\theta}{2}$ を使って，$r=1$，$\theta=t$ なので，$S=\frac{t}{2}$

hyperbolic sector は，点 P から x 軸に垂線を下ろしてできる直角三角形から双曲線の下の部分を引きます．

$$S=\frac{1}{2}\cosh t\sinh t-\int_1^{\cosh t}\sinh t dx \tag{1}$$

これを計算すると，$S=\frac{t}{2}$ になります．（計算は練習問題で）

spherical sector は球の一部分で，下図の２種類あります．左側は上に球の中心を頂点とする円錐形の穴が空いていて，open spherical sector といい，右側の穴のない closed のものは spherical cone といいます．

Wolfram MathWorld で，体積はどちらも $V=\frac{2}{3}\pi R^2h$ になるとだけ書かれていて，求める式や計算がなかったので確かめてみました．

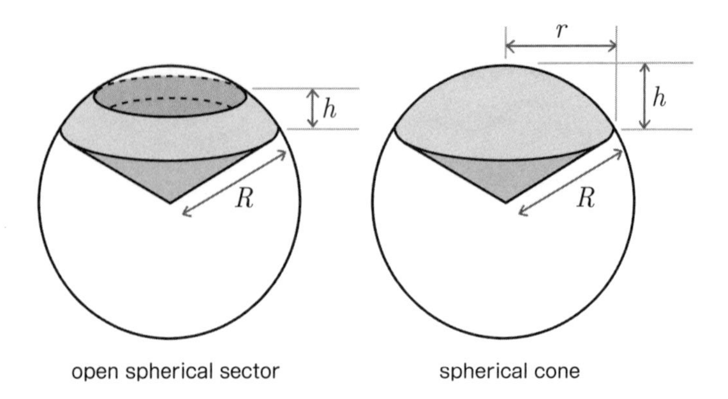

右側の cone は，circular sector の回転体なので，その体積 V は，縦を x 軸として２つの回転体の和を考えると次の式で求められます．（計算は練習問題で）

$$V=\frac{1}{3}\pi(R^2-(R-h)^2)(R-h)+\pi\int_{R-h}^{R}(R^2-x^2)dx \tag{2}$$

左側の open の場合も，2つの回転体の和から穴の部分を引けば体積が求められます．式中の b は h の上の球の頂上までの距離ですが，計算すると最後に消去されてしまいます．

$$V = \frac{1}{3}\pi(R^2 - (R-h-b)^2)(R-h-b)$$
$$+ \pi\int_{R-h-b}^{R-b}(R^2 - x^2)dx - \frac{1}{3}\pi(R^2 - (R-b)^2)(R-b) \qquad (3)$$

左右で h の値は異なりますが，体積は同じ $\frac{2}{3}\pi R^2 h$ になります．（計算は練習問題で）

60 Radii 問題

Calculate (1), (2), (3) above.

（解答は巻末）

複数形

radius → radii

locus → loci

難しい！

keyword 61

Rhomboid

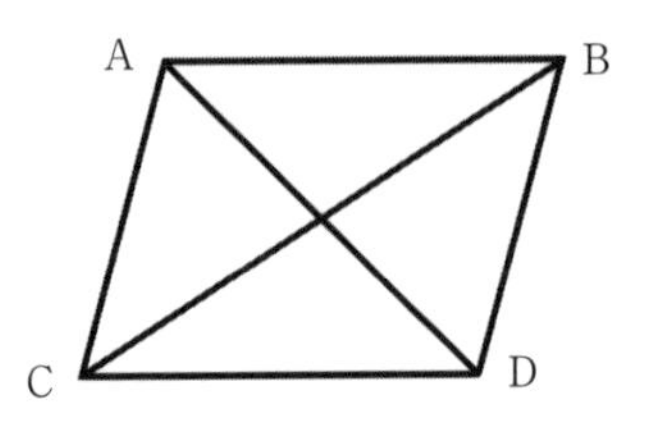

「2組の向かい合う辺が平行」という定義を持つ平行四辺形は，英語で parallelogram といいますが，これは以下の3つを含んでいます．

- 長方形（rectangle/oblong）＝すべての角が等しい平行四辺形
- 菱形（rhombus）＝すべての辺が等しい平行四辺形
- 正方形（square）＝すべての角と辺が等しい平行四辺形

これらの特別な平行四辺形と区別して，「内角が直角でなく，隣り合う辺の長さが異なる平行四辺形（a parallelogram in which angles are oblique and adjacent sides are of unequal length)」を **rhomboid**（偏菱形または長斜方形または長菱形)といいます．名前は parallelogram よりも rhombus(菱形）に似ていますが，要するにこれは普通の平行四辺形ということです．この名称は日本ではほとんど使われていませんが，ギリシャ語の ρομβοειδη'ς ("rhomboeidis" と発音）から来ていて，ユークリッドの「原論」では「対辺と対角は等しいが，等辺でも直角でもない四角形」として，次のように定義されています．

Euclid's Elements Book I, Definition 22
"Of quadrilateral figures, a square is that which is both equilateral and right-angled; an oblong that which is right-angled but not equilateral; a rhombus that which is equilateral but not right-angled; and a rhomboid that which has its opposite sides and angles equal to one another but is neither equilateral nor right-angled. And let quadrilaterals other than these be called trapezia."

平行四辺形の定理（性質または条件）はいくつかあります．まず日本の中2の教科書に掲載されているのが，以下の4つです．

・2組の対辺がそれぞれ等しい
・2組の対角がそれぞれ等しい
・対角線がそれぞれの中点で交わる
・1組の対辺が平行でその長さが等しい

この他にも，次のような定理（性質または条件）がありますが，日本の教科書ではあまり取り上げられていません.

・隣り合う角の和が180° "consecutive angles are supplementary"
・1本の対角線で2つの合同な三角形ができる
"diagonals form two congruent triangles"

平行四辺形の辺と対角線の長さについての定理 parallelogram law (of primary geometry) は，三角形の中線定理の平行四辺形版といえるもので，上図で次式が成り立つというものです.

$$2(AB^2+BC^2)=AC^2+BD^2$$

もうひとつの parallelogram law (of vectors) は，「2つのベクトルの和は，それらの作る平行四辺形の対角線が表すベクトルになる」というもので，日本の高校教科書ではベクトルの和の定義になっていて，少し意味が異なります.

ところで，ドイツのハンブルクに rhomboid の形をした建築物 "The Dockland office building" があります．6階建てで，各階のフロアの長さ86m，奥行き21m，内角は24°と156°になっていて，斜辺に，周囲を展望で

きる屋上までの階段があります．写真のガラス張りの部分の rhomboid の底辺の長さを 86 m とすれば斜辺は 45 m でした．よって，ガラス張りの部分の高さは $45 \cdot \sin 24^\circ \fallingdotseq 18.3$(m) ということになります．

人間の体にこの名前を冠する筋肉があります．それが小菱形筋 rhomboid minor muscle と大菱形筋 rhomboid major muscle です．平行四辺形の形をしていて肩甲骨を動かす働きがあるそうです．"rhomboid" で検索すると，この話題が多く登場します．カタカナの「ロンボイド」で検索すると，ロン・ボイドさんがつくった靴が多数登場しました（笑）．

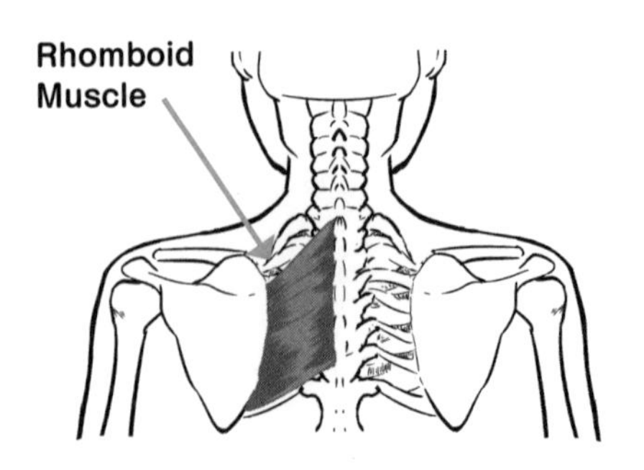

61 Rhomboid 問題（やや難）

In a rhomboid with an area of 48, the major diagonal is 4 shorter than the double of the minor diagonal. Calculate the exact value of the perimeter knowing that the shorter sides are of 5.

面積が 48 の平行四辺形があり，長い方の対角線の長さが，短い方の対角線の長さの 2 倍より 4 短い．短い方の辺の長さが 5 であるとき，この平行四辺形の周長を求めよ．

（解答は巻末）

keyword 62

Scale Factor

Scaleには大きさ，目盛，音階，天秤，うろこなどいろいろな意味がありますが，数学では主に尺度，すなわち長さ，大きさ，目盛などの意味に使われます．

例えば，アメリカの地震学者Richterが考案した地震の規模を表すmagnitudeは，"Richter scale"とも呼ばれています．また，大きなデータを扱うグラフでの目盛の取り方のひとつに，logarithmic scale（対数目盛）があります．

統計学におけるscaleには，評価の基準として4つのscalesがあります．

- **nominal scale**（名義尺度）…同じか違うかだけを判断する．
- **ordinal scale**（順序尺度）…大小関係だけを判断する．
- **interval scale**（間隔尺度）…大小関係を差も考察して比較する．
- **ratio scale**（比例尺度）…絶対的な値0を基準にした値で大小関係を比較する．

Factorの方も因数，因子，係数，率など，いろいろな訳し方がありますが，**scale factor**とはどんな意味なのでしょう．

Transformations of functions（関数の変換）

$y=f(x)$のグラフをy軸方向に拡大縮小した$y=af(x)$や，x軸方向に拡大縮小した$y=f(ax)$のaをscale factorといい，これは倍率を意味しています．正比例の式$y=ax$の比例定数aもこれに含まれます．

Similarity（相似）

Similarity ratio（相似比＝相似な図形の辺の長さの比）もscale factorといいます．これも倍率の一種といえますが，相似ならではの用語です．「数学英和・和英辞典」（共立出版）ではscale factorの欄に倍率，尺度係数とありますが，加えて相似比も載せてほしいところです．

"Find the similarity ratio." と書かれていれば分かりやすいのですが，相似比を答えさせるのに "Find the scale factor." と書かれている場合が多いです．

相似比は $a:b$ という形で答える場合と，$\frac{a}{b}$ の値で答える場合とありますが，英語の場合，後者で答える方が一般的です．
（注）英語で ratio は「比」も「比の値」も意味するので，ここでは便宜上どちらも「比」と呼んでいます．

因みに「scale factor 日本語」で検索してみると，「スケール係数」と出てきますし，Wikipedia には同じ英語で「スケール因子」が出てきます．定まった和訳のない英語はその場に合った訳し方が難しいですね．

▶ **Quiz** 16

Find the scale factor and the missing length.

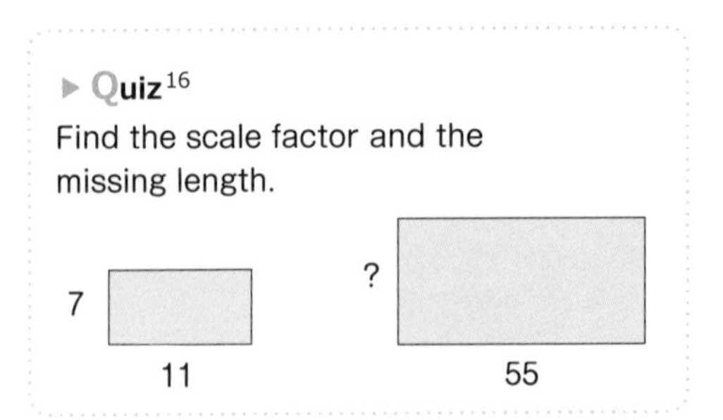

62 Scale Factor 問題

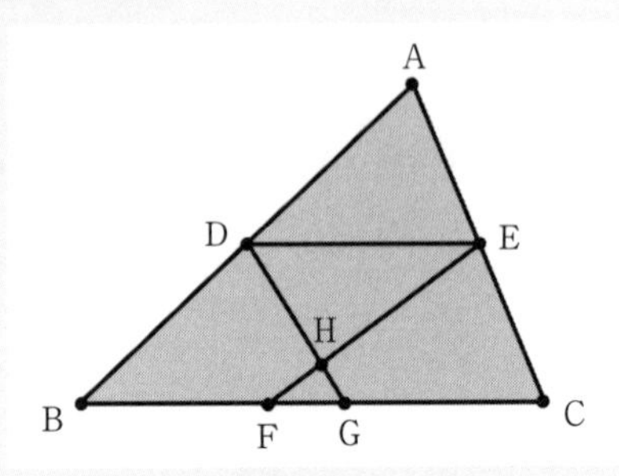

D, E is the midpoint of AB, AC. BF:FC=2:3. DH:HG=3:1.

a) Find the ratio of BF:FG:GC.

b) Find the area ratio of quadrilaterals BFHD:CGHE.

（解答は巻末）

▶ **Answer** 16　5 or $\frac{1}{5}$, length=35

keyword 63

Shear Transformation

ここでは英文の中で見つけた数学用語で意外なものを紹介することが多いのですが，この用語はその逆で，「等積変形」の英訳は何かを調べてみた結果の紹介です．

「等積変形」は日本の中学数学２の教科書に登場します．広い意味では，図形の面積を一定にしたまま形を変えることですが，ここでは特に三角形や平行四辺形で底辺の長さと高さを同じにしたまま，頂点や上辺を底辺に対して平行移動させることを意味しています．

▶ **Quiz**[17]

図の三角形の面積は？

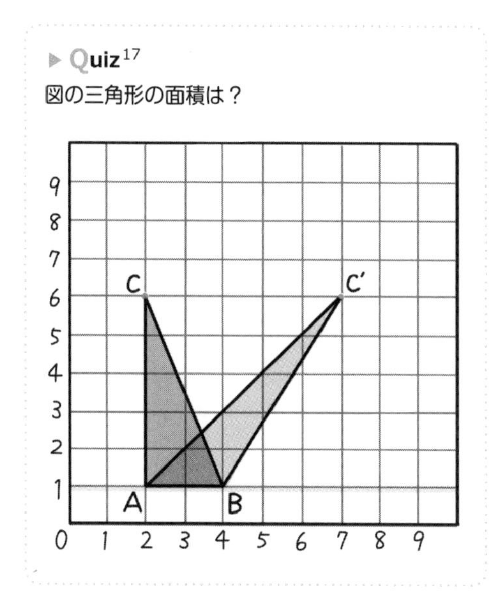

▶ **Answer**[17]　2×5÷2＝5

用語や短文などの翻訳や説明を互いに助け合うサイト KudoZ ネットワークで，「等積変形」という用語に関して，その回答が native speaker や英語教育従事者などからいくつか寄せられていました．それだけ適切な訳語が見つからない用語のひとつということになります．

find another shape with the same area
isometric transformations
equal area transformation
equivalent deformation
shaving the shape
shear transformation
congruence transformation

これらのうちほぼ「等積変形」と訳して良さそうなものは始めの 4 つですが，実際，英語のサイトでこの用語を使って，ここでいう「等積変形」を説明しているのを見つけることができません．また，equivalent は「命題の同値（⇔）」，congruent は「図形 / 整数の合同（≡/≅）」の意味で使われるのが定番ですから，これらをさらに「等積」の英訳とするのは難しい気がします．

Shear（せん断）は，もともと「刈る」とか「ハサミで切る」という意味ですが，平面幾何では上の方法で図形を変形させるという意味があり，これは "Translation" で紹介した **shear transformation**（直訳は「せん断変換」）と同じ意味になっています．実際，この用語だけは，検索するとその意味の内容のものが見つかります．したがって，**shear transformation** こそ，少し意訳になりますが「等積変形」を英訳する用語として最も適切ではないでしょうか．

63 Shear Transformation 問題

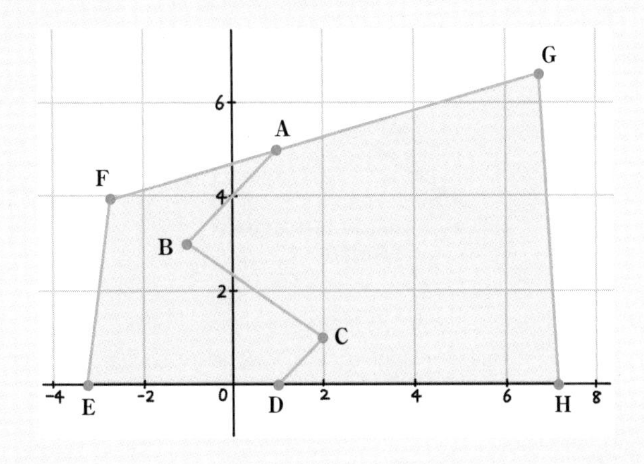

図のように 4 点 A＝(1, 5)，B＝(－1, 3)，C＝(2, 1)，D＝(1, 0) と，底辺が x 軸上にあって上辺が点 A を通る四角形 EFGH がある，この折れ線で分けられている左右の部分の面積が変わらないように，点 A を通る直線で左右を分けるとき，この直線の方程式を求めよ．

（解答は巻末）

keyword 64

SOHCAHTOA

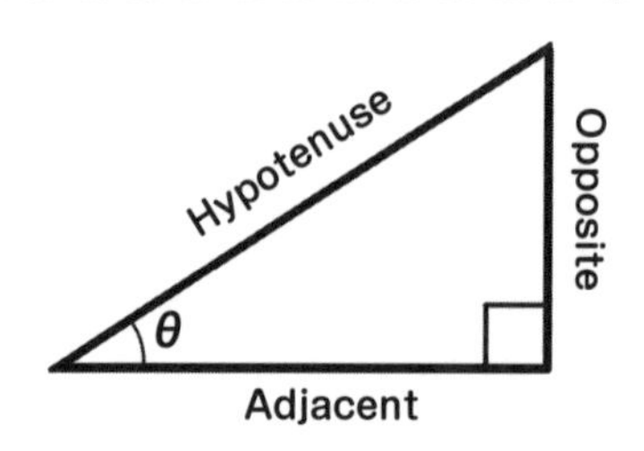

三角比の覚え方です．直角三角形のある角 θ の sine（正弦），cosine（余弦），tangent（正接）の値は，hypotenuse（斜辺），opposite（対辺），adjacent（隣辺）を用いて，

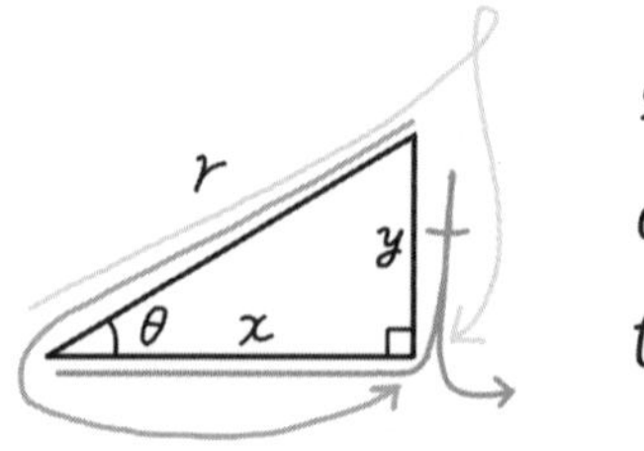

$$\sin\theta = \frac{y}{r}$$

$$\cos\theta = \frac{x}{r}$$

$$\tan\theta = \frac{y}{x}$$

$$\sin\theta = \frac{\text{opposite}}{\text{hypotenuse}}$$

$$\cos\theta = \frac{\text{adjacent}}{\text{hypotenuse}}$$

$$\tan\theta = \frac{\text{opposite}}{\text{adjacent}}$$

と定義されます．英語では分数は分子から読みますから，例えば **s**in は **o**pposite over **h**ypotenuse（または opposite divided by hypotenuse）なので **SOH** という順になり，これらの頭文字をとって，**SOHCAHTOA** と覚えましょうというわけです．日本ではよく図のような覚え方が参考書などで紹介されています．

$$\sin\theta=\frac{y}{r},\quad \cos\theta=\frac{x}{r},\quad \tan\theta=\frac{y}{x}$$

海外では高校程度の教科書に，他の三角関数として，sine, cosine, tangent の reciprocal（逆数）である cosecant（余割），secant（正割），cotangent（余接），まとめて reciprocal trigonometric function（割三角関数）がよく登場します．

SOHCAHTOA と同じように，CHOSHACAO という覚え方があります．

$$\csc\theta=\frac{\text{hypotenuse}}{\text{opposite}}$$

$$\sec\theta=\frac{\text{hypotenuse}}{\text{adjacent}}$$

$$\cot\theta=\frac{\text{adjacent}}{\text{opposite}}$$

このうち secant と tangent は別の意味で，つまり secant は割線，tangent は接線という意味でよく使われます．割線とは 2 点を通る直線という意味ですが，日本の高校教科書ではこの用語は使われていません．

$$\csc\theta=\frac{r}{y},\quad \sec\theta=\frac{r}{x},\quad \cot\theta=\frac{x}{y}$$

また inverse function（逆関数）である arcsine または $\sin^{-1}$, arccosine または $\cos^{-1}$, arctangent または $\tan^{-1}$ も，世界中でインターナショナルスクールを中心に広く普及している教育課程「国際バカロレア」の高校数学 Higher Level（主に理系）では登場します．周期関数の逆関数は多価関数になるので，定義域を制限して一価関数にしたものを特に主値と呼び，最初を大文字で表します．例えば，$\sin 30^\circ=\frac{1}{2}$ なので，次式が成り立ちます．

$$\text{Arcsin}\left(\frac{1}{2}\right)=\text{Sin}^{-1}\left(\frac{1}{2}\right)=30^\circ$$

keyword 65

Straightedge and Compass Construction

これらの単語を調べたら，次のような意味があることが分かります．

straightedge = 幻覚剤・酒・たばこなどに手を出さない生き方
compass = 羅針盤，方位磁針
construction = 建設，建築，構文，構造

しかし，straightedge は直定規（直定木），compass はコンパス（円を描く道具，あえて日本語にするなら円規，両脚器，ぶん回しともいいます），construction は作図という意味もあり，**straightedge and compass construction** は，直定規とコンパスだけを使う作図という意味になります．

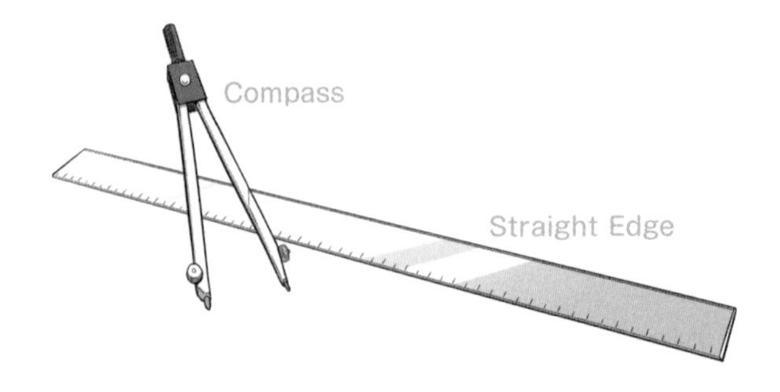

他に ruler-and-compass construction，classical construction，geometric construction，Euclidean constructions という言い方があります．「作図」を直訳して figure construction という場合もありますが，こちらは人物画を描くという意味の方によく使われているようです．
普通に図を描くことも広い意味で作図といえますが，一般に数学における作図といえば，straightedge and compass construction のことを指していて，"Euclid's Elements（ユークリッドの原論）" に初めて登場したので，Euclidean constructions ともいうわけです．定規といえば ruler を思い浮かべますが，straightedge（直定規）という用語がよく使われています．

この straightedge and compass construction は，日本ではまず中 1 で直線外の点を通る垂線，線分の垂直 2 等分線，角の 2 等分線，中 3 では平方根で表される長さ，高校数学 A で等分点などを作図する方法として登場しています．

正n角形の作図可能性

Equilateral triangle（正3角形），square（正4角形）とそれから派生するregular hexagon（正6角形），regular octagon（正8角形）がconstructible（作図可能）であることはギリシャ時代から知られています（以下regularを省略します）．Pentagon（正5角形）もギリシャ時代にconstructibleであることがわかっていましたが，残念ながら，あのアルキメデスでさえも正7角形，正9角形の作図には成功しなかったようです．

1796年3月30日の朝，19才のガウスが目覚めたとき，heptadecagon（正17角形）の作図法がひらめいたそうです．そしてその後ガウスは次のことを証明しています．

<定理>

四則演算とべき乗根を用いて表される数は作図可能である．

<定理>

代数方程式 $z^n-1=0$ が四則演算とべき乗根だけで解けたら，正n角形が作図可能である．

ということから，

<定理>

nの値が2のべき乗（2^αで表される数）であるか，フェルマー素数すなわち「$2^{2^m}+1$で表される素数」であるか，またはこれらの2種類の数の積であるとき，すなわち，

$$n = 2^\alpha \cdot p_1 \cdot p_2 \cdots\cdots p_k \quad (\text{ただし } p_m \text{ はフェルマー素数})$$

のときに、正n角形は作図可能である．

$\alpha=0$かつ$m=0$のとき$n=3$となり正3角形，$\alpha=2$で2のべき乗だけのとき$n=4$となり正4角形、$\alpha=0$かつ$m=1$のとき$n=5$となり正5角形，$\alpha=1$かつ$m=1$のとき$n=6$となって正6角形が作図可能ですが，7や9はこの形で表せないので作図不可能です．そして，$\alpha=0$かつ$m=2$のときが正17角形になります．さらに，257-gon（正257角形，$m=3$）の作図法が1832年に，65537-gon（正65537角形，$m=4$）の作図法が1900年ごろに発見されました．正n角形は代数方程式$z^n-1=0$を解けばいいのですが，nの値が大きくなるにつれてどんどん複雑になっていきます．

65 Straightedge and Compass Construction 問題

1) Construct an equilateral triangle.

2) Construct a regular pentagon.

（解答は巻末）

keyword 66

Translation

日常では「翻訳」としか訳すことがない translation ですが，数学では「平行移動」という意味があり，移動のさせ方はベクトルで表します．日本の教科書でよく使われる「x 軸方向に p，y 軸方向に q 平行移動したもの」という言い方は，a translation of $\begin{pmatrix} p \\ q \end{pmatrix}$ とか，be translated through $\begin{pmatrix} p \\ q \end{pmatrix}$ のように表されます．他に shift や move という用語も使われることがあります．

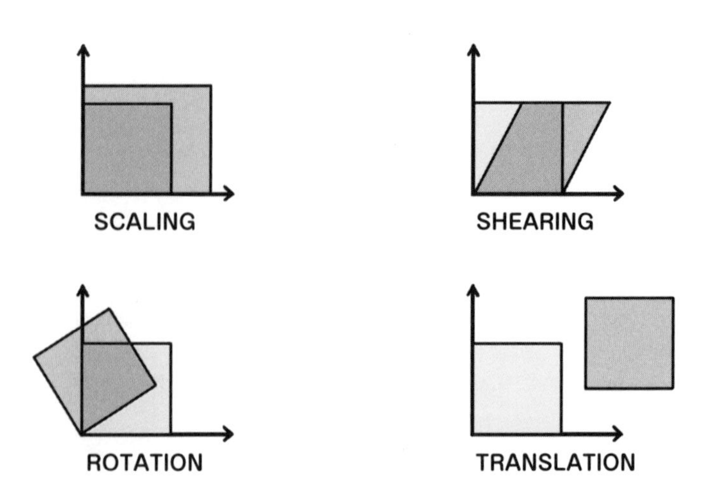

向きも形も変えない移動だけの translation に加えて，向きの変わる rotation（回転移動），reflection（対称移動），大きさの変わる scaling / resizing / zooming（拡大縮小），傾斜する shear / skew（せん断）など，図形の平行を保つ linear transformation（一次変換）を合わせて affine transformation（アフィン変換）といい，さらに拡張して図形の平行を保たない場合もある変換を projective transformation / homography（射影変換）といいます．

rotation $\begin{pmatrix} \cos\theta & -\sin\theta \\ \sin\theta & \cos\theta \end{pmatrix} \begin{pmatrix} x \\ y \end{pmatrix} = \begin{pmatrix} x\cos\theta - y\sin\theta \\ x\sin\theta + y\cos\theta \end{pmatrix}$　θ 回転

scaling $\begin{pmatrix} a & 0 \\ 0 & b \end{pmatrix} \begin{pmatrix} x \\ y \end{pmatrix} = \begin{pmatrix} ax \\ by \end{pmatrix}$　横に a 倍，縦に b 倍拡大縮小

shearing $\begin{pmatrix} 1 & t \\ s & 1 \end{pmatrix} \begin{pmatrix} x \\ y \end{pmatrix} = \begin{pmatrix} x + ty \\ sx + y \end{pmatrix}$　横に y の t 倍移動，縦に x の s 倍 移動するせん断（長方形が平行四辺形になります）

translation $\begin{pmatrix} x \\ y \end{pmatrix} + \begin{pmatrix} p \\ q \end{pmatrix} = \begin{pmatrix} x + p \\ y + q \end{pmatrix}$　x 軸方向に p，y 軸方向に q 平行移動

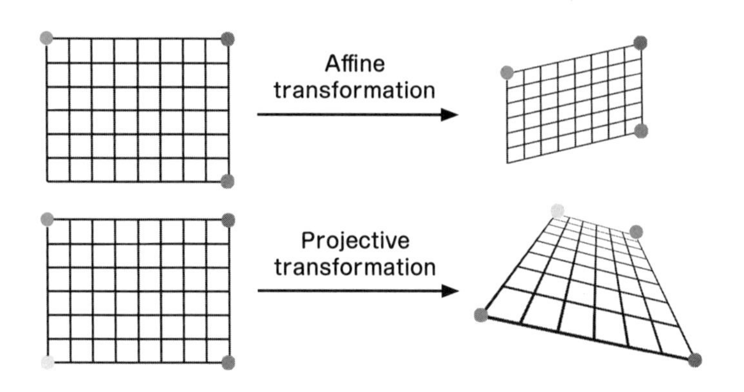

以上のように，2×2 行列を掛ける一次変換では (0,0) が (0,0) に移るので translation を表すことはできないし，平行を保つので projective transformation を表すことはできません．しかし，座標 (x, y) を $(x, y, 1)$ と表すことでこれらをすべてまとめて表すことができます．そのため，変換行列を 3×3 にして (3, 3) 成分を 1 とします．

$$\text{rotation}\ \begin{pmatrix} \cos\theta & -\sin\theta & 0 \\ \sin\theta & \cos\theta & 0 \\ 0 & 0 & 1 \end{pmatrix}\begin{pmatrix} x \\ y \\ 1 \end{pmatrix} = \begin{pmatrix} x\cos\theta - y\sin\theta \\ x\sin\theta + y\cos\theta \\ 1 \end{pmatrix}$$

$$\text{scaling}\ \begin{pmatrix} a & 0 & 0 \\ 0 & b & 0 \\ 0 & 0 & 1 \end{pmatrix}\begin{pmatrix} x \\ y \\ 1 \end{pmatrix} = \begin{pmatrix} ax \\ by \\ 1 \end{pmatrix}$$

$$\text{shearing}\ \begin{pmatrix} 1 & t & 0 \\ s & 1 & 0 \\ 0 & 0 & 1 \end{pmatrix}\begin{pmatrix} x \\ y \\ 1 \end{pmatrix} = \begin{pmatrix} x + ty \\ sx + y \\ 1 \end{pmatrix}$$

$$\text{translation}\ \begin{pmatrix} 1 & 0 & p \\ 0 & 1 & q \\ 0 & 0 & 1 \end{pmatrix}\begin{pmatrix} x \\ y \\ 1 \end{pmatrix} = \begin{pmatrix} x + p \\ y + q \\ 1 \end{pmatrix}$$

因みに，映画 "Transformers"（変形ロボット），映画 "The Transporter"（運び屋）はありましたが，映画 "Translator" はまだないですね（笑）.

Chapter 4

Analysis
【解析】

実数の関数から複素関数，
さらにそれらを扱う微分・積分まで
意外な数学英語を紹介しています．

keyword 67

Antilogarithm

Anti-aging（アンチエイジング）といえば老化防止，抗加齢という意味ですね．Anti-war ならば反戦というように，anti は主に「抵抗」とか「反対」という意味があります．

1 でない正の数 a を底とする M の対数 $\log_a M$ における正の数 M を真数といい，英語ではこれを **antilogarithm** または **antilog** といって，対数関数の逆関数という意味も持っています．Common logarithm（常用対数）は，Log base 10 とか Briggs' logarithm ともいいますが，この $\log_{10}M$ を $\log M$ と表すとき，

> If $\log M = x$, then M is called the antilogarithm of x and is written as $M = \text{antilog}\, x$. For example, if $\log 39.2 = 1.5933$, then $\text{antilog}\, 1.5933 = 39.2$
>
> (math-only-math.com)
>
> The number of which a given number is the logarithm (to a given base). If x is the logarithm of y, then y is the antilogarithm of x.
>
> （Wiktionary 英語版）
>
> The inverse function of the logarithm, defined such that $\log_b(\text{antilog}_b z) = z = \text{antilog}_b(\log_b z)$. The antilogarithm in base b of z is therefore b^z.
>
> (Wolfram MathWorld)

というわけで，指数関数も対数関数の逆関数ですから，底が 10 のとき，以下の 3 つの式は全て同じ意味になります．

$$10^3 = 1000$$
$$\text{antilog}\, 3 = 1000$$
$$\log 1000 = 3$$

電卓がないときは common log table（常用対数表）を使いますが，antilog table（真数表）もあります．下の表から $10^{0.5678} = 3.697$ が得られます．因みに電卓を使うと，$10^{0.5678} = 3.696579068$ まで求められますが，WolframAlpha を使うと，希望すれば小数以下のかなり先まで表示してくれます．

	0	1	2	3	4	5	6	7	8	9	1	2	3	4	5	6	7	8	9
.50	3162	3170	3177	3184	3192	3199	3206	3214	3221	3228	1	1	2	3	4	4	5	6	7
.51	3236	3243	3251	3258	3266	3273	3281	3289	3296	3304	1	2	2	3	4	5	5	6	7
.52	3311	3319	3327	3334	3342	3350	3357	3365	3373	3381	1	2	2	3	4	5	5	6	7
.53	3388	3396	3404	3412	3420	3428	3436	3443	3451	3459	1	2	2	3	4	5	6	6	7
.54	3467	3475	3483	3491	3499	3508	3516	3524	3532	3540	1	2	2	3	4	5	6	6	7
.55	3548	3556	3565	3573	3581	3589	3597	3606	3614	3622	1	2	2	3	4	5	6	7	7
.56	3631	3639	3648	3656	3664	3673	3681	3690	3698	3707	1	2	3	3	4	5	6	7	8
.57	3715	3724	3733	3741	3750	3758	3767	3776	3784	3793	1	2	3	3	4	5	6	7	8
.58	3802	3811	3819	3828	3837	3846	3855	3864	3873	3882	1	2	3	4	4	5	6	7	8
.59	3890	3899	3908	3917	3926	3936	3945	3954	3963	3972	1	2	3	4	5	5	6	7	8
.60	3981	3990	3999	4009	4018	4027	4036	4046	4055	4064	1	2	3	4	5	6	6	7	8
.61	4074	4083	4093	4102	4111	4121	4130	4140	4150	4159	1	2	3	4	5	6	7	8	9
.62	4169	4178	4188	4198	4207	4217	4227	4236	4246	4256	1	2	3	4	5	6	7	8	9
.63	4256	4276	4285	4295	4305	4315	4325	4335	4345	4355	1	2	3	4	5	6	7	8	9
.64	4365	4375	4385	4395	4406	4416	4426	4436	4446	4457	1	2	3	4	5	6	7	8	9
.65	4467	4477	4487	4498	4508	4519	4529	4539	4550	4560	1	2	3	4	5	6	7	8	9
.66	4571	4581	4592	4603	4613	4624	4634	4645	4656	4667	1	2	3	4	5	6	7	9	10

余談ですが，三角比の表も円関数の真数表と呼んでいました．国立国会図書館デジタルコレクションの「對數表及眞數表」には，「常用對數表」の次に「圓函數ノ眞數表（三角比の表）」があり，その次には球面三角法で使われる「圓函數ノ對數表」すなわち $10+\log_{10}(\sin x^\circ)$ の値の表（例えば $10+\log_{10}(\sin 1^\circ)=8.24186$）が掲載されています．

因みに，似た用語で antiderivative（原始関数）がありますが，primitive function，primitive integral，indefinite integral とも呼ばれています．

antilog は log の逆関数
antivirus は抗ウイルス

keyword 68

Argand Diagram

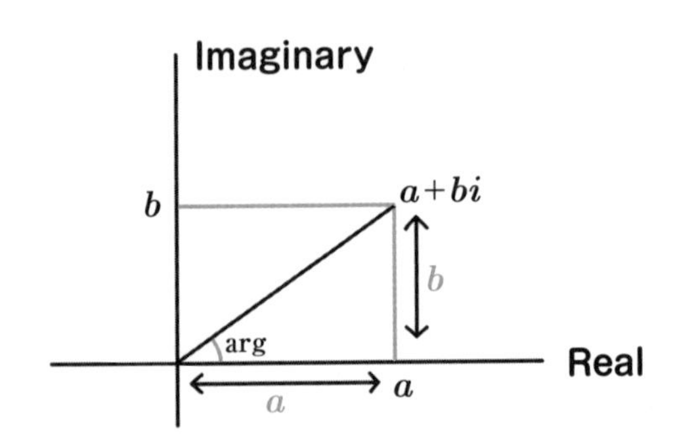

2D のグラフを描くのに xy-plane（xy 平面）を使います．これは coordinate（座標）を使うので coordinate plane（座標平面）ともいいます．また 1637 年に「方法序説」で座標を考案した René Descartes (1596-1650) の名をとって Cartesian plane（デカルト平面）とも呼びます。（本書 02 Cartesian plane）

さて，Cartesian plane の x 軸を real axis（実軸）とし，y 軸を imaginary axis（虚軸）として複素数 $z=x+yi$ を表す平面は，complex plane（複素平面），または Gauss（1777-1855）が導入したので Gaussian plane（ガウス平面），または複素数はよく z で表されるので z-plane（z 平面）ともいいます．さらにこの別名で英書によく登場するのが，ガウスより先に用いたとされる Jean-Robert Argand (1768–1822) の名をとった Argand plane（アルガン平面）と **Argand diagram**（アルガン図）という呼び方です．

Wolfram MathWorld というサイトでは，

the Argand diagram (also known as the Argand plane)

Wikipedia というサイトでは，

The complex plane is sometimes called the Argand plane because it is used in Argand diagrams

Math is Fun というサイトでは，

plane for complex numbers (It is also called an "Argand Diagram")

Haese Mathematics という IB の教科書では，

We can illustrate complex numbers using vectors on the Argand plane. We call this an Argand diagram.

このように，Argand plane と **Argand diagram** は同じ意味に使われることが多いですが，時には Argand plane 上に complex numbers を図示したものを **Argand diagram** と呼ぶ場合があります．この用語は日本ではあまり使われませんが，英語での出題で時々用いられるので知っておきたいところです．

複素関数（複素数から複素数への関数）

$w=f(z): z=x+yi \to w=u+vi$ は高校では扱われませんが，少し見てみましょう．

複素関数の一次関数は一次分数関数ともいって，$w=\dfrac{az+b}{cz+d}$ で表され，具体的には $w=az$，$w=z+b$，$w=\dfrac{1}{z}$ の3つの場合があります．はじめの2つは，直線は直線，円は円に移るのですが，最後の式は，直線が円，円が直線に移る場合があります．

複素関数の指数，対数，三角関数は Euler's formula（オイラーの公式）$e^{i\theta}=\cos\theta+i\sin\theta$ を元に定義されます．$z=x+yi=r(\cos\theta+i\sin\theta)$ としましょう．

まず指数関数は次式になります．

$$e^z=e^{x+yi}=e^x\cdot e^{yi}=e^x(\cos y+i\sin y) \tag{1}$$

この式には sin と cos が含まれるので，$e^{z+2n\pi i}$ がすべて同じ値になるような周期関数になります．

次に対数関数は次式になります（以降，$\log_e$ は ln と書きます）．

$$\ln z=\ln(re^{i\theta})=\ln r+\ln e^{i\theta}=\ln r+i\theta \tag{2}$$

Euler's formula に $\theta=\pi$ を代入すると Euler's identity（オイラーの等式）

$$e^{i\pi}=\cos\pi+i\sin\pi=-1$$

が得られますが，これを対数の定義で変形すると次式になり，「対数の真数は正」という高校数学の常識が覆ります．

$$\ln(-1)=i\pi$$

しかし，$z=-1$ となるのは $r=1$，$\theta=\pi+2n\pi$ のときなので式(2)は無限多価関数になり，ln(−1) は πi 以外にも $3\pi i$，$5\pi i$ など，無限個の値をとることになります．

次に三角関数です．$z = x + yi$ の x と y が複素数であっても z はやはり $a + bi$ の形になるので，Euler's formula より

$$e^{iz} = \cos z + i \sin z \tag{3}$$

$$e^{-iz} = \cos z - i \sin z \tag{4}$$

(3) と (4) の和と差をそれぞれ 2，$2i$ で割ると

$$\cos z = \frac{e^{iz} + e^{-iz}}{2}$$

$$\sin z = \frac{e^{iz} - e^{-iz}}{2i}$$

となり，これが複素関数の三角関数の定義になっています．もう少し学習が進むと分かるのですが，複素関数を使うと，実数のままでは難しい積分計算もできる場合があります．その例をひとつあげておきます．

$$\int_0^{\infty} \frac{\sin x}{x} dx = \frac{\pi}{2}$$

Dirichlet integral

$$\int_0^{\infty} \frac{\sin x}{x} dx = \frac{\pi}{2}$$

Fresnel integrals

$$\int_{-\infty}^{\infty} \sin(x^2) x = \int_{-\infty}^{\infty} \cos(x^2) x = \sqrt{\frac{\pi}{2}}$$

難しそう！

keyword 69 Circular Functions

Trigonometric functions（三角関数）を，unit circle（単位円）を用いて定義した場合，**circular functions**（円関数）と呼ぶ場合があります．日本では主に三角関数と呼ばれていますが，英語の本では Circular Functions も Trigonometric Functions もよく使われています．

■ Circular (Trigonometric) Functions 円関数（三角関数）
sine, cosine, tangent

■ Reciprocal Circular Functions 割円関数（割三角関数）
cosecant, secant, cotangent

$$\csc x = \frac{1}{\sin x}, \quad \sec x = \frac{1}{\cos x}, \quad \text{and} \quad \cot x = \frac{1}{\tan x} = \frac{\cos x}{\sin x}$$

$$\tan^2 x + 1 = \sec^2 x \quad \text{and} \quad 1 + \cot^2 x = \csc^2 x$$

■ Inverse Circular Functions 逆円関数（逆三角関数）
arcsine, arccosine, arctangent

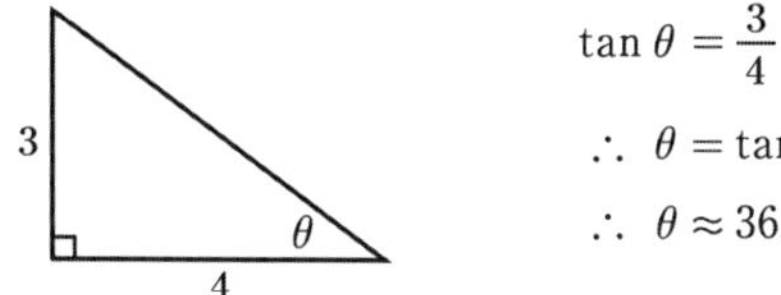

$$\tan\theta = \frac{3}{4}$$

$$\therefore\ \theta = \tan^{-1}\left(\frac{3}{4}\right)$$

$$\therefore\ \theta \approx 36.9^\circ$$

このように，circular functions は circle（円）を表す関数ではありません．Hyperbolic functions（双曲線関数）も hyperbola（双曲線）を表しません．円関数は円の parameter（媒介変数）表示に，双曲線関数は双曲線の媒介変数表示に使われるのでこの名がついています．

■円の媒介変数表示

$$(x, y) = (\cos t, \sin t) \quad \rightarrow \quad x^2 + y^2 = 1$$

■双曲線の媒介変数表示

$$(x, y) = (\cosh t, \sinh t) \quad \rightarrow \quad x^2 - y^2 = 1$$

世界中最も多くの国で普及している高校カリキュラム「国際バカロレアディプロマプログラム(IB Diploma Program)」の Mathematics Higher Level（主に理系向き）では Reciprocal Circular Functions も Inverse Circular Functions も登場します.

因みに Elliptic Functions（楕円関数）も ellipse（楕円）ではありません.

One More Word

(number sign)

米国では "number" を略してこの記号を使うことがよくあります. 例えば "number of apples" と書くところを, "# of apples" のように書きます.
なお, これはハッシュタグとも呼ばれていて, その方が有名ですね.
因みに音楽の♯（sharp= 半音上げる記号）は異なる記号なのですが,
日本では電話機にある #(number sign) をシャープと読んでしまうことが多いですね. この電話機の記号 # は, 米国では pound, 英国系では hash と呼ばれています.

keyword 70

Complete Pair & Half Pair

二次関数の頂点を求めるときや，円の中心を求めるときの式の変形をcompleting the square（平方完成）といいます．形容詞のcompleteは「完成された」「完全な」「完備な」などと訳されます．一方，2つで一組のものをpair（対）といいますから，**complete pair**は「完成対」「完全対」「完備対」などと訳せそうですが，さてどんなときに使われるのでしょうか．

We need one complete pair to use the sine rule. The angle or side that we can find is the one that completes another pair.
(35: The Sine Rule © Christine Crisp)

To use the sine rule to answer a question, you must have values for a complete pair i.e the length of a side and corresponding angle, and have the either the side that corresponds to the angle you are trying to find or the angle that corresponds to the side you are trying to find.
(Further Trigonometry - Mr Barton Maths)

以上の文章からすると，sine rule / law of sine（正弦定理）を使って三角形の未知の角または辺を求めるときは，相対する角と辺が分かっている**complete pair**と，一方だけが分かっている**half pair**が必要ということになります．

▶ Quiz[18]

The 5.1m and 100° are the complete pair. And 3.6m and the missing angle B are the half pair. Find the angle B.

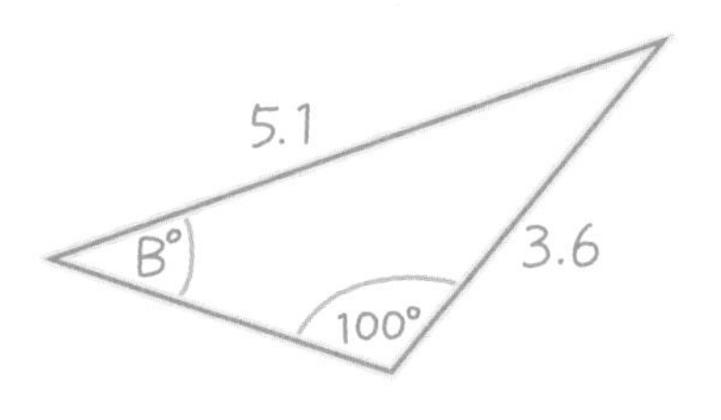

(Sine Or Cosine Rule? FuseSchool)

このように，両方が分かっている pair を complete pair というわけですから，上のどの訳語でも良さそうです．しかし，線型代数学の双線型形式という話の中に perfect pairing（完全対）という用語があり，また，数学のいくつかの分野で complete（完備）という概念もあります．なので，もしどうしても日本語にするとしたら，ここでの complete pair は「完成対」，half pair は「半対」とするのが適切ではないかと思います．

70 Complete Pair & Half Pair 問題

Find the angle B of △ABC where A = 59°, a = 8.4cm, b = 9.5cm.
(Mathematical Studies Standard level for the IB Diploma - Cambridge University Press 2013)

（解答は巻末）

▶ **Answer**[18]

$$\frac{5.1}{\sin 100^\circ} = \frac{3.6}{\sin B}$$

$$\sin B = \frac{\sin 100^\circ}{5.1} \times 3.6 = 0.6951...$$

$$B = \sin^{-1} 0.6951... = 44.0^\circ$$

keyword 71

Compound Interest

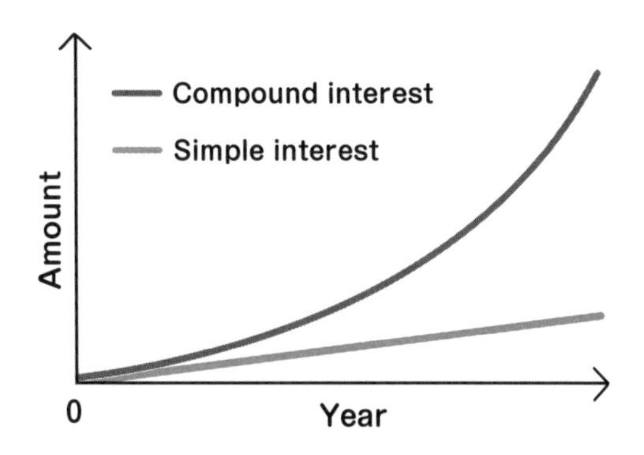

やはり interest といえば，「興味，関心」という言葉が真っ先に思い浮かぶので，compound が「複合，混合，複数」というような意味だと知っていても，数学ではどんな意味なのかなと思ってしまうのですが，interest にはもうひとつ「利息」という意味もあるので，**compound interest** は複利計算の「複利」という意味になります．これに対する言葉が simple interest（単利）です．関連して，1 年ごとの利息のいい方を "5% p.a." などという場合があります．これはラテン語 "per annum" の略で, "by the year" の意味です．

まず initial amount or principal（元金）を P, annual interest rate（年利率）を r とします．annual（1 年ごと）の複利では，t 年後の元利合計 $A(t)$ は次式になります．

$$A(t) = P(1+r)^t$$

次に semi-annual（半年ごと）の複利では，r の半分の利息で年に 2 回，上の計算をしますから，t 年後の元利合計 $A(t)$ は次式になります．

$$A(t) = P\left(1+\frac{r}{2}\right)^{2t}$$

同様に，quarterly（3 か月ごと）, monthly（毎月）, daily（毎日）となると，

$$A(t) = P\left(1+\frac{r}{4}\right)^{4t},\ A(t) = P\left(1+\frac{r}{12}\right)^{12t},\ A(t) = P\left(1+\frac{r}{365}\right)^{365t}$$

となり，実際に数字を代入して計算すると，少しずつ増えていきますが，増え方は減っていきます．これをさらに毎分，毎秒と細かく計算していって極限を考えると一定の値に近づきます．

$$A(t) = \lim_{n \to \infty} P\left(1 + \frac{r}{n}\right)^{nt}$$

ここで $\frac{r}{n} = x$ とおくと，$n = \frac{r}{x}$ となり，$x \to 0$ となるので次の式が得られます．

$$A(t) = \lim_{x \to 0} P\,(1 + x)^{\frac{rt}{x}} = \lim_{x \to 0} P\{(1 + x)^{\frac{1}{x}}\}^{rt} = Pe^{rt}$$

この最後の式の中の e は Napier's number（ネイピア数 = base of the natural logarithm 自然対数の底 = 2.71828....）で，この式を continuous compound interest formula（連続複利の公式）といいます．

因みに三角関数の加法定理は，Trigonometric Addition Formula とか Angle Addition Formula と呼ばれていますが，加法定理は他の分野にもあり，それと区別するためか Compound Angle Formula とも呼ばれています．

経済用語に，CAGR（Compound Annual Growth Rate = 年平均成長率）というのがあります．例えばある商品の 5 年間の売り上げデータがあり，前年より何％増えたかという growth rate（成長率）が 1.7%, 1.6%, 22.6%, 31.6% だったとします．arithmetic mean（相加平均）なら

$$\frac{1.7 + 1.6 + 22.6 + 31.6}{4} = 14.4\%$$

になりますが，CAGR は各前年比の geometric mean（相乗平均）から 1 を引きます．すなわち，次の計算になります．

$$\sqrt[4]{1.017 \times 1.016 \times 1.226 \times 1.316} - 1 \approx 1.136 - 1 = 0.136 = 13.6\,\%$$

71 Compound Interest 問題

An amount of $2,340.00 is deposited in a bank paying an annual interest rate of 3.1%, compounded continuously. Find the balance after 3 years.

（解答は巻末）

keyword 72

First Principles

直訳すると「第一原理」となる **first principles** は形而上学や自然科学における用語としては「他のものから推論することができない命題」という意味があります．数学では定義や公理がこれに当たり，「定理を導くための前提となる命題」ともいえます．

微分の問題で，differentiate from first principles といわれたら，直訳すれば「第一原理から微分せよ」となりますが，これは「定義に従って微分せよ」という意味で，find the derivative by (using the) limit definition という表現をする場合もあります．

具体的には，次の limit definition（微分の定義）の式を使って，derivative（導関数）を求めよという意味になります．

$$f'(x) = \lim_{h \to 0} \frac{f(x+h) - f(x)}{h} = \lim_{\Delta x \to 0} \frac{f(x+\Delta x) - f(x)}{\Delta x}$$

よく h が使われますが，Δx，δ，d もよく使われるので，delta method とも呼ばれています（delta の大文字は Δ，小文字は δ，alphabet の d に当たります）．

数学で導関数という意味の derivative は，言語学では派生語，経済学では金融派生商品，化学では誘導体などいろいろな意味があります．「派生する」という動詞 derive の derivative（派生語）になっています．つまり，"derivative" は derivative です（笑）．

例えば tan$x$ の微分は，sin$x$，cos$x$ を微分してから quotient rule（商の微分）を用いて次のようにすることが多いのですが，

$$\begin{aligned}(\tan x)' &= \left(\frac{\sin x}{\cos x}\right)' \\ &= \frac{(\sin x)'\cos x - \sin x(\cos x)'}{\cos^2 x} \\ &= \frac{\cos^2 x + \sin^2 x}{\cos^2 x} \\ &= \frac{1}{\cos^2 x} \\ &= \sec^2 x\end{aligned}$$

これを微分の定義に従って計算すると次のようになります.

$$
\begin{aligned}
(\tan x)' &= \lim_{h\to 0}\frac{\tan(x+h)-\tan x}{h} \\
&= \lim_{h\to 0}\frac{1}{h}\left(\frac{\tan x+\tan h}{1-\tan x\tan h}-\tan x\right) \\
&= \lim_{h\to 0}\frac{1}{h}\left(\frac{\tan h+\tan^2 x\tan h}{1-\tan x\tan h}\right) \\
&= \lim_{h\to 0}\frac{\tan h}{h}\cdot\frac{1+\tan^2 x}{1-\tan x\tan h} \\
&= \lim_{h\to 0}\frac{\sin h}{h}\cdot\frac{1}{\cos h}\cdot\frac{1}{1-\tan x\tan h}\cdot\frac{1}{\cos^2 x} \\
&= 1\cdot 1\cdot\frac{1}{1-0}\cdot\sec^2 x \\
&= \sec^2 x
\end{aligned}
$$

72 First Principles 問題

Differentiate $\ln x$ ($=\log_e x$) from first principles.

定義に従って $\ln x$ ($=\log_e x$) を微分せよ.

(解答は巻末)

keyword 73

Half-life

検索サイトで"half-life"と入力すると，この名前のゲームが上位にいくつも出てきます．Google 翻訳では，"half-life"を「人生の半分」と答えます（2021年11月現在）が，通常「人生の半分」は"Half (of) one's life"といいます．

「半生（はんせい）」は「○○の半生を描く」というように「それまでの人生」というような意味ですが，「半死半生（はんしはんしょう）」は瀕死の状態を表します．実は最近まで「半生」は「はんしょう」と読むものだと思っていました．「人生」の半分だから「はんせい」と読むのでしょうが，「一生」の半分だから「はんしょう」と呼んでもいいのではないでしょうか．

▶ Quiz[19]
料理で火を通すのが不十分な場合「半生」と書きます．何と読むでしょうか？

さて，優れた翻訳で有名な DeepL 翻訳では"**half-life**"を「半減期」と答えます．この訳は辞書にも載っていますが，減衰する放射性同位体の量が半分になるのにかかる時間のことをいいます．数学用語というよりは科学用語ですが，指数関数の応用問題には日英ともに頻出しています．

ある時の量 N から時間 t の経過につれて一定の割合 λ（decay constant＝崩壊定数）で減衰していることを微分方程式で表すと次式になります．

$$\frac{dN}{dt} = -\lambda N$$

これを変数分離して解くと次のようになります．ln は natural logarithm（自然対数）です．

$$\begin{aligned} \int \frac{1}{N}\,dN &= -\int \lambda dt \\ \ln|N| &= -\lambda t + C \\ N &= e^{C} \cdot e^{-\lambda t} \end{aligned}$$

▶ Answer[19]　はんなま

初期値（$t=0$ のとき）N_0 とすると，次の式で表せます．

$$N = N_0 \cdot e^{-\lambda t}$$

これが N_0 の半分になるので，半減期を $t_{1/2}$ とすれば，

$$N_0 \cdot e^{-\lambda t_{1/2}} = N_0 \cdot \frac{1}{2}$$

これを解くと，

$$\begin{aligned} e^{-\lambda t_{1/2}} &= \frac{1}{2} \\ -\lambda t_{1/2} &= \ln \frac{1}{2} \\ t_{1/2} &= \frac{\ln 2}{\lambda} \end{aligned}$$

例えば，化石の年代測定に使われる Carbon-14（炭素 14）^{14}C の半減期は 5730 ± 40 年なので，$t_{1/2} = 5730$ で計算すると，崩壊定数 $\lambda \approx 1.21 \times 10^{-4}$ になります．

因みに，以上は Physical half-life T_p（物理学的半減期）の話でしたが，生物が生きている間の代謝による放射性物質の半減期は Biological half-life T_b（生物学的半減期）といい，それらを合算したものを Effective half-life T_e（実効半減期）といい，次の関係があります．

$$\frac{1}{T_e} = \frac{1}{T_p} + \frac{1}{T_b}$$

こうやって
化石の年代がわかる！

73 Half-life 問題

Carbon-14 has a half-life of 5730 years. You are presented with a document which purports to contain the recollections of a Mycenaean soldier during the Trojan War. The city of Troy was finally destroyed in about 1250 BC, or about 3270 years ago. Carbon-dating evaluates the ratio of radioactive carbon-14 to stable carbon-12. Given the amount of carbon-12 contained a measured sample cut from the document, there would have been about 1.3×10^{-12} grams of carbon-14 in the sample when the parchment was new, assuming the proposed age is correct. According to your equipment, there remains 1.0×10^{-12} grams. Is there a possibility that this is a genuine document? Or is this instead a recent forgery? Justify your conclusions. (Purplemath)

（解答は巻末）

One More Word

ø (null sign)

これは "empty set（空集合）" を表す記号です．
ノルウェー語のアルファベットø（近い発音はウォ）であり，ギリシャ文字のΦ（PHI）ではないのでファイとは読まずにウォと読むべきなんですが，あまり知られていないので empty set と読む方がいいでしょう．

keyword 74

Lagrange's Notation, Leibniz's Notation

日本の高校数学の教科書では，Notation for Differentiation（微分の記法）について「関数 $y=f(x)$ の導関数を $f'(x)$ で表し，y' や $\dfrac{dy}{dx}$ などで表すこともある」と紹介されていますが，それぞれの記法を使い始めた人の名前まではあまり紹介されていません．

Lagrange's Notation (prime notation)

$$y'=f'(x),\ y''=f''(x),\ y^{(4)}=f^{(4)}(x),\ y^{(n)}=f^{(n)}(x)$$

$$f_x(x,y),\ f_{xx}(x,y),\ f_{xy}(x,y)$$

日本では y' をワイダッシュ，$f'(x)$ をエフダッシュエクスと読むことが多いですが，英語では "y prime"，"f prime of x" と読むので prime notation ともいいます．2 行目は偏微分の記法で，こちらは subscript（添え字）を使うので subscript notation のひとつになります．

Leibniz's Notation (differential notation)

$$\frac{dy}{dx}=\frac{d}{dx}f(x),\quad \frac{d}{dx}\left(\frac{dy}{dx}\right)=\frac{d^2y}{dx^2}$$

$$\frac{\partial f}{\partial x},\ \frac{\partial^2 f}{\partial x^2},\ \frac{\partial^2 f}{\partial x\partial y}$$

$\dfrac{dy}{dx}$ は "the derivative of y with respect to x" と読みますが，短く言う場合は，分数のように "dy over dx" とは読まず，単に "dy dx" と読みます．分数ではないのですが，置換積分のときに，$\dfrac{dx}{dt}=g'(t)$ を形式的に $dx=g'(t)dt$ として分数のように扱うことで式変形が容易になっています．

偏微分の $\dfrac{\partial f}{\partial x}$ は，"the partial derivative of f with respect to x" とか "the partial derivative of f in the x direction" と読みますが，"dee f dee x"，"del f del x"，"day f day x" などと短く言うことがあります．∂ 単独では "curly dee"，"rounded dee" などと言います．

We have been using the 'prime' notation, $f'(x)$, to denote derivatives. We can use Leibniz notation, $\frac{dy}{dx}$ or $\frac{d}{dx}[f(x)]$ and we can also use variables other than x and y. The notation $\frac{dy}{dx}$ is read as 'the derivative of y with respect to x', or 'd y by d x', or simply 'd y d x'. The notation $\frac{d}{dx}[f(x)]$ is read as 'the derivative of f with respect to x'.

▲ Gottfried Wilhelm Leibniz (1646–1716)

IB Mathematics Standard Level (Oxford University Press)

以上はよく使われる記法ですが，他にも次のような記法があります．

Euler's Notation (D notation or operator notation)

$$Dy = Df,\ D^2y = D^2f$$

$$D_xf,\ D_{xx}f,\ D_{xy}f$$

この表記は多変数の関数でよく使われます．例えば D_xf は "D sub x of f" と読みます．

Newton's Notation (Dot Notation)

$$\dot{y},\ \ddot{y}$$

この表記は kinematics（運動学）でよく使われ，時刻 t における位置を y とするとき，velocity（速度）を $\dot{y}$，acceleration（加速度）を $\ddot{y}$ で表します．

74 Lagrange's Notation, Leibniz's Notation 問題

Let x be the number of thousands of units of an item produced. The revenue for selling x units is $r(x) = 4\sqrt{x}$ and the cost of producing x units is $c(x) = 2x^2$

a) The profit $p(x) = r(x) - c(x)$ Write an expression for $p(x)$.

b) Find $\frac{dp}{dx}$ and $\frac{d^2p}{dx^2}$.

c) Hence find the number of units that should be produced in order to maximize the profit.

(IB Mathematics Standard Level (Oxford University Press) exercise 7Y 5)

（解答は巻末）

keyword 75

Power Rule

一般に rule といえば規則や決まりという意味に使われますが，数学では場合によって公式，法則，定理などと訳されています．

[examples of rule]

■change of base rule 底の変換公式（change of base formula の方がよく使われますがこの表現もよく使われます），quotient rule 商の微分公式や chain rule 合成関数の微分公式などの derivative rules 導関数の公式，substitution rule 置換積分の公式などの integration rules 積分の公式

■exponent rules / exponential rules 指数法則，log rules / logarithm rules 日本の教科書では「対数の性質」

■sine rule & cosine rule 正弦定理と余弦定理

一般に力という意味の power は，数学では冪（べき＝累乗）の意味があります．従って，**power rule** といえば，冪公式とか冪法則などと訳せそうですが，数学でこの日本語訳は見たことがありません（統計学で冪乗則，精神物理学で冪法則と訳される異なる意味の power law という用語があります）．

前置きが長くなりましたが，指数，対数，微分，積分にそれぞれ power rule があります．つまり，次の公式はすべて power rule と呼ばれています．

$$(a^m)^n = a^{mn}$$

$$\log_a M^k = k \log_a M$$

$$\frac{d}{dx}x^n = nx^{n-1}$$

$$\int x^n dx = \frac{1}{n+1}x^{n+1} + C$$

特に最初の指数の公式（指数法則のひとつ）は，power of power rule とか power to power rule とも呼ばれています．

冪の形の英語の読み方は少し難しくて，次のような言い方をします．

2^2：two squared
2^3：two cubed
2^4：two to the power of four / two to the fourth power / two to the fourth / two to the four

余談ですが，1985年のJanet JacksonとCliff Richardのデュエットで"Two to the Power of Love"という曲がありました．数学的に訳せば「2の愛乗」となりますが，「ふたりのラブソング」という邦題がついていました（笑）．

One More Word

AB∥CD (parallel symbol)

日本では普通AB∥CDのように平行を表す記号は2本の斜線を使いますが，縦2本でも同じことを表します．他にも，≒を≈と書くなど，国際的に統一されていない記号がいくつかあります．

keyword 76

p-series

雑誌や新聞等の連載記事，同テーマで続けて出版される書籍，テレビなどの連続番組，一定期間行われるスポーツの試合などを series といいますが，数学では数列の総和を series（級数）といい，有限数列の和や無限数列の中の有限個の部分和は有限級数，無限数列の和は無限級数といいます．そして，和がある値に確定するときはその値を級数の和といいます．これでは級数の和は「数列の和の和」という意味になってしまいますが，級数は一般に Σ または＋と…などの記号で表したもので，値が確定した場合にのみ，その値を級数の和といいます．

Calculus（微分積分）の convergence tests（収束判定）の中でよく登場する級数のひとつに **p-series**（p-級数）

$$\sum_{n=1}^{\infty}\frac{1}{n^p}=\frac{1}{1^p}+\frac{1}{2^p}+\frac{1}{3^p}+\cdots$$

があります．これは $p=-q$ とすれば $\displaystyle\sum_{n=1}^{\infty}n^q$ と表すこともできるのですが，逆数の和ということを強調するためにこう表しています．p の範囲を 1 より大きい数とする場合，正の数とする場合，実数とする場合などがありますが，$p>1$ で収束し，$p\leq 1$ で発散するので，Leonhard Euler（1707-1783）の時代は $p>1$ のときにどんな値に収束するのかが主に話題になっていました．例えば $p=2$ のとき，

$$\sum_{n=1}^{\infty}\frac{1}{n^2}=\frac{1}{1^2}+\frac{1}{2^2}+\frac{1}{3^2}+\cdots=\frac{\pi^2}{6}$$

となること（Basel problem）も Euler が発見しました．

p-series で特に $p=1$ のときは，harmonic series（調和級数）

$$\sum_{n=1}^{\infty}\frac{1}{n}=\frac{1}{1}+\frac{1}{2}+\frac{1}{3}+\cdots$$

といい，項が限りなく 0 に近づくのに∞に発散する（値が無限に大きくなる）ことがよく知られています．この証明は多くの書籍やサイトで解説されていますので探してみてください．

p-series の p は power（冪＝べき）を意味するようですが，power series（冪級数）

$$\sum_{n=0}^{\infty} a_n x^n = a_0 + a_1 x + a_2 x^2 + a_3 x^3 + \cdots$$

とは別のものなので，p-series の p は，当初 positive power（正の冪）のときだけを考えるという意味の p だったのではないかと思います．

因みに，p-series の式は，Riemann zeta function（リーマン - ゼータ関数）

$$\zeta(s) = \sum_{n=1}^{\infty} \frac{1}{n^s} = \frac{1}{1^s} + \frac{1}{2^s} + \frac{1}{3^s} + \cdots$$

で s を p で表したときと同じ式になっています．後に，Bernhard Riemann（1826-1866）が解析接続をした（定義域を複素数へ広げた）とき，$\zeta(s)$ の表記を使ったことに敬意を表して変数には s が用いられているそうです．

One More Word

(　) (parenthesis or bracket)

普通の丸括弧は，米国では parenthesis（なぜかカタカナ表記では「パーレン」）といいます．英国系では bracket（カタカナ表記では「ブラケット」）といい，例えば $(x+3)\times 4$ をそのまま表すと Open parenthesis, x plus three, close parenthesis, times four になりますが，少し長くなるので「括弧」という言葉を使わずに，the quantity x plus three, times four（$x+3$ という量に 4 を掛ける）と表現する場合があります．

keyword 77

Riemann Sum

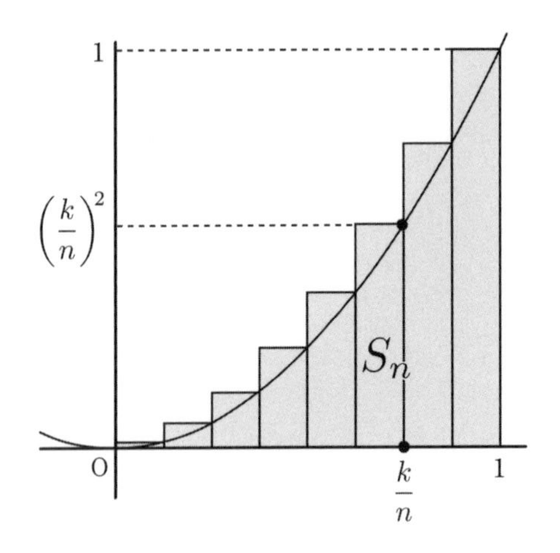

例えば，$y=x^2\,(0\leq x\leq 1)$ のグラフの下の部分を n 等分して，各区間の右端を高さとする長方形を n 個つくると，その面積和 S_n は，

$$\begin{aligned} S_n &= \sum_{k=1}^{n} \frac{1}{n} \cdot \left(\frac{k}{n}\right)^2 \\ &= \frac{1}{n^3} \cdot \frac{1}{6} n(n+1)(2n+1) \\ &= \frac{2n^3+3n^2+n}{6n^3} \end{aligned}$$

となり，$n \to \infty$ にするとその極限値は $\frac{1}{3}$ になります．因みに各長方形の高さを左端や中点にしても同じ極限値になります．

このように面積を求める方法を区分求積法といいますが，この英訳を調べると，"classification quadrature method", "partitioning quadrature method", "quadrature by parts", "sectional measurement", "mensuration by parts" など，様々な言い方があります．ところがこれらの英語で検索してもあまり区分求積法を説明するサイトが現れません．

The process of using sums of areas of rectangles to approximate the area under a curve is called a **Riemann sum**. This method is named after the German mathematician Georg Friedrich Bernhard Riemann (1826-1866), who generalized the process.
IBDP Mathematics Analysis and Approaches Standard Level (Oxford University Press)

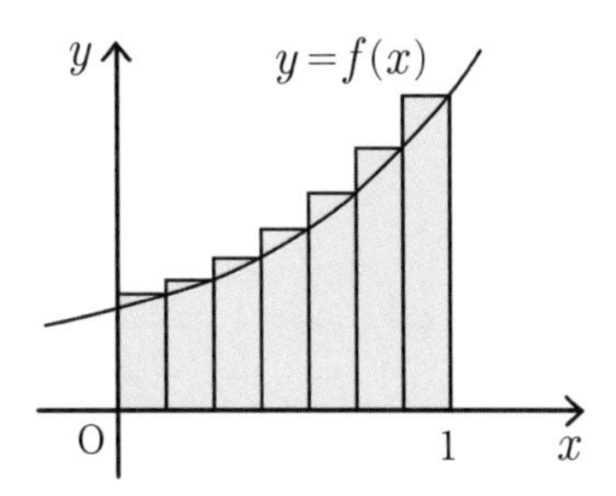

もともと図のような長方形の有限和を **Riemann sum** といいますが，上の引用文のように，Riemann sum を使ってこのグラフの下の部分の面積を求める方法も Riemann sum ということがあります．

この図では各区間の右端を長方形の高さにしているので，right Riemann sum といいます．各区間の左端を長方形の高さにする場合はもちろん left Riemann sum といいます．

Bernhard Riemann は，証明できたら 100 万ドルの賞金が出るという未解決問題，リーマン予想 (Riemann hypothesis) で有名です．日本の初等・中等教育の数学の教科書では，人の名前を冠した用語はあまり出てきませんが，英語の書籍を見てみると，発見者に敬意を表してその名を冠する用語を使うことが多く，ピタゴラスの定理，デカルト座標，パップスの中線定理，リーマン積分，ガウス平面など多数あります．

77 Riemann sum 問題

Approximate the definite integral $\int_{-1}^{1} \left(-t^3 + 4\right) dt$ using a left Riemann sum with 5 intervals. (Math Insight)

（解答は巻末）

keyword 78

Sign Chart

いろいろな意味のある sign ですが，数学では＋または－の符号を意味します．すると **sign chart** は±を示す符号図ということになります．

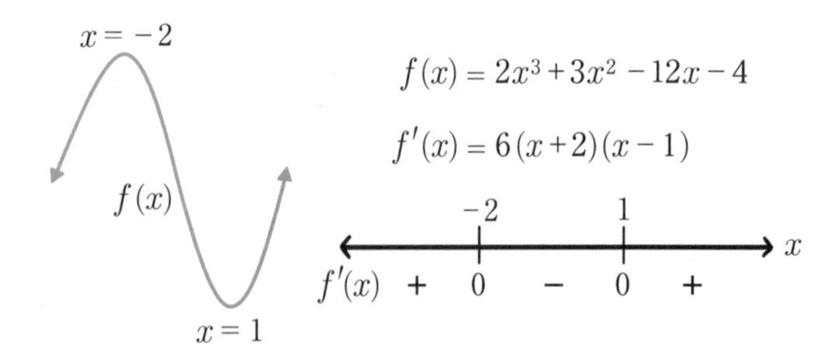

例えば象限によって異なる三角比の符号を表す図も sign chart といいますが，微分して増減を調べるときも右のような sign chart (or sign diagram) が使われます．

関数 $y=f(x)$ のグラフを書くには，まず first derivative（一次導関数）$f'(x)$ を求め，$f'(x)=0$ となる点，すなわち stationary point（停留点）(critical point = 臨界点ともいいます）を求め，次に sign chart を書き，first derivative test（一階微分判定法）をするという手順になります．

[First derivative test]

Suppose $f(x)$ is continuous at a stationary point x_0.

1. If $f'(x) > 0$ on an open interval extending left from x_0 and $f'(x) < 0$ on an open interval extending right from x_0, then $f(x)$ has a local maximum (possibly a global maximum) at x_0.

2. If $f'(x) < 0$ on an open interval extending left from x_0 and $f'(x) > 0$ on an open interval extending right from x_0, then $f(x)$ has a local minimum (possibly a global minimum) at x_0.

3. If $f'(x)$ has the same sign on an open interval extending left from x_0 and on an open interval extending right from x_0, then $f(x)$ has an inflection point at x_0.

(Wolfram MathWorld)

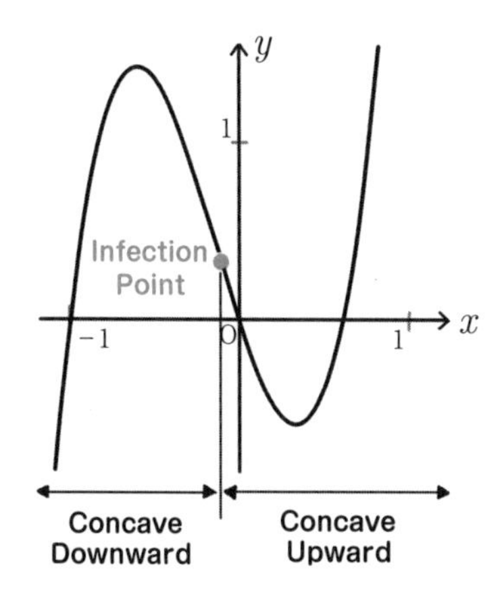

つまり，stationary point で，$f'(x)$ の sign が＋から－に変われば極大値，－から＋に変われば極小値，変わらなければ変曲点であると判定します．英語の本には増減表に当たる用語は見つからず，強いて言えば derivative sign chart がこれに当たり，最後に極値または変曲点の y 座標を求めて，グラフを描くということになります．

少し複雑な関数になると，second derivative test（二階微分判定法）で，曲線の凹凸も判定します．日本語との大きな違いは，上に凸とか下に凸ではなく，concave downward（下に凹），concave upward（上に凹）という言い方をすることです．これを concavity といいます．上にへこんでいるとか下にへこんでいるとか言うのはちょっと変な感じがしますね．

Parabola $y = ax^2 + bx + c$

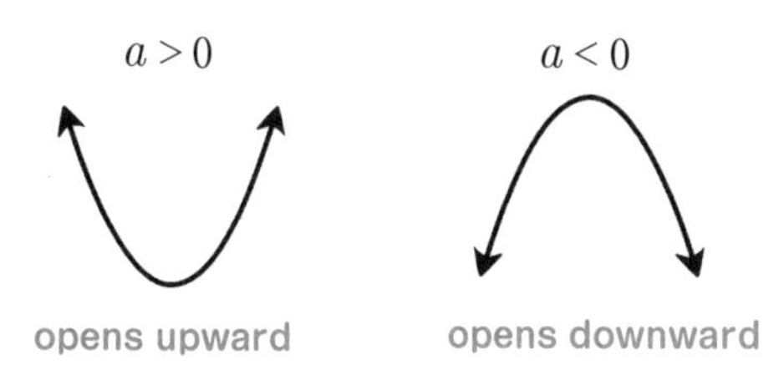

同じ意味ですが，微分を意識せずに parabola（放物線）を考える場合は，下に凸を opens upward，上に凸を opens downward という言い方をすることが多いです．上に開いているとか下に開いているということになりますが，この言い方の方がまだ違和感が少ないように思います．

keyword 79

Squeeze Theorem

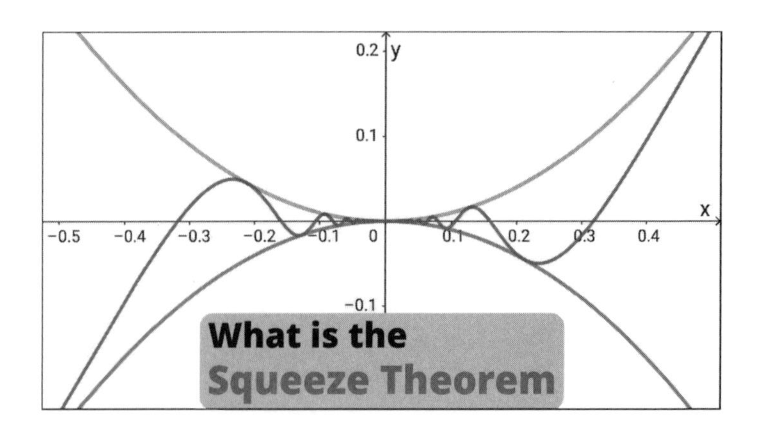

別名 pinching theorem または sandwich theorem ともいいますが，**squeeze theorem** は日本では「はさみうちの原理」のことです．squeeze というと「搾る」とか「押しつぶす」というイメージがあるので，"pinching" や "sandwich" の方が合うような気がします．日本の数学Ⅲの the limit of a function（関数の極限）では，

$$\lim_{x \to 0} \frac{x}{\sin x} = 1$$

の証明に使われています．これは，

$$\sin x < x < \tan x$$

が成り立つので，各辺を $\sin x$ で割ると

$$1 < \frac{x}{\sin x} < \frac{1}{\cos x}$$

になり，右辺の極限が 1 になることから，$\dfrac{x}{\sin x}$ の極限も 1 になるというわけです．

海外の高校数学の the limit of a sequence（数列の極限）の記述を見てみましょう．

The Squeeze Theorem

If we have sequences $\{a_n\}$, $\{b_n\}$ and $\{c_n\}$ such that

$$a_n \leq b_n \leq c_n \text{ for all } n \in \mathbb{Z}^+ \text{ and } \lim_{n\to\infty} a_n = \lim_{n\to\infty} c_n = L < \infty$$

then

$$\lim_{n\to\infty} b_n = L.$$

The Squeeze Theorem says that if we can find two sequences that converge to the same limit and squeeze another sequence between them, then that sequence must also converge to the same limit.
(Mathematics Higher Level Topic 9 Option Calculus - Cambridge University Press)

なぜ正の整数 $\mathbb{Z}^+$ と書き，自然数 $\mathbb{N}$ と書かないのかというと，自然数には0を含む場合もあるからです．（14 Natural Number 参照）

79 Squeeze Theorem 問題

Use the Squeeze Theorem to find $\displaystyle\lim_{n\to\infty} \frac{n^n}{(2n)!}$

（解答は巻末）

The limit of a function の厳密な定義には，Bolzano (1817), Cauchy, Weierstrass らによって確立された epsilon-delta definition（ε-δ 論法）を使います．$\displaystyle\lim_{x\to c} f(x) = L$ を証明するのに，「どんなに小さな正の数 ε があっても，うまく別の正の数 δ を決めて $|x-c| < \delta$ にすれば $|f(x)-L| < \varepsilon$ にできる」ことを示すというものです．このままでは分かりにくいので最も簡単な例を見てみましょう．$f(x)=2x$ で，x が1に近づくときに $f(x)$ が2に近づくことを証明しましょう．当たり前のような感じがしますが，厳密な証明は次のようになります．

小さな正の数 ε に対し，$\delta = \dfrac{\varepsilon}{2}$ と決めて，$|x-1| < \dfrac{\varepsilon}{2}$ とすれば，

$$|x-1| < \frac{\varepsilon}{2} \Leftrightarrow 2|x-1| < \varepsilon \Leftrightarrow |2x-2| < \varepsilon \Leftrightarrow |f(x)-2| < \varepsilon$$

となって，$|f(x)-2| < \varepsilon$ を示すことができました．ここで $\delta = \dfrac{\varepsilon}{2}$ は，上の式を逆算することによって決めることができます．

因みに the limit of a sequence の場合は，epsilon-N definition（ε-N論法）となります．「どんなに小さな正の数εがあっても，あるNから先のnは$|a_n - L| < \varepsilon$にできる」ことを示します．これも簡単な例を見てみましょう．

$a_n = \dfrac{n+1}{2n}$ で，nが限りなく大きくなるときにa_nが$\dfrac{1}{2}$に近づくことを証明しましょう．

小さな正の数εに対し，$N = \dfrac{1}{2\varepsilon}$と決めると，$n > N$では，

$$n > \frac{1}{2\varepsilon} \Leftrightarrow \frac{1}{n} < 2\varepsilon \Leftrightarrow \frac{1}{2n} < \varepsilon \Leftrightarrow \frac{n+1-n}{2n} < \varepsilon \Leftrightarrow \frac{n+1}{2n} - \frac{1}{2} < \varepsilon$$

となって，$\left|a_n - \dfrac{1}{2}\right| < \varepsilon$を示すことができました．ここで$N = \dfrac{1}{2\varepsilon}$は，上の式を逆算することによって決めることができます．

One More Word

PI (circle ratio)

円周率πをアルファベットでこう表します．どちらも読み方はパイです．同様に黄金比の値ϕもPHIと表すことがあります．小説 "The Da Vinci Code（ダ・ビンチ・コード）" の中で数学専攻の学生が "PHI is one H of a lot cooler than PI !" と発言する場面があります．日本語に翻訳された本のこの部分は誤訳ではないかと話題になりました．あなたならどう訳しますか？

keyword 80

Tabular Method

表を使う方法という意味の **tabular method** は，表解法，表手法，テーブル法などと和訳されていて，高校数学Ⅲの integration by parts（部分積分）

$$\int uv'dx = uv - \int u'vdx$$

のところで，繰り返しの必要な計算を速くするのに役立ちます．この方法は映画 "Stand And Deliver（落ちこぼれの天使たち）"（1987 年）の中で紹介されたので Stand And Deliver method，または 3 × 3 の表に○×を並べていくゲーム "Tic Tac Toe（三目並べ）" に因んで Tic-Tac-Toe method（因数分解にもこう呼ばれる解法があります），あるいは rapid repeated integration（直訳すると迅速反復積分？）とも呼ばれることがあります．

具体例をひとつ見てみましょう．下の表より，

$$\int x^2 \sin x dx = -x^2 \cos x + 2x \sin x + 2 \cos x + C$$

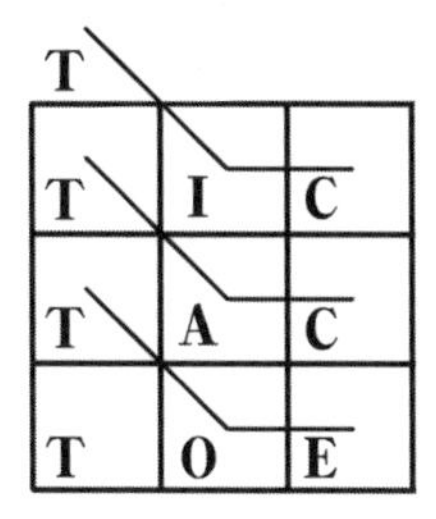

x^2	$\sin x$	
$2x$	$-\cos x$	$+$
2	$-\sin x$	$-$
0	$\cos x$	$+$

右側の表をじっくり見てみましょう．左の列は x^2 を次々に微分したもの，中央の列は $\sin x$ を次々に積分したもの，右の列は符号です．折れ線でつながるものを与式の右辺に書き出せば正解が得られます．

繰り返し部分積分を必要とする関数には exponentials（指数関数），logs（対数関数），trig functions（三角関数），inverse trig functions（逆三角関数），powers（べき関数）別名 algebraic functions（代数的関数）の 5 つがあります．参照した論文ではこの 5 つの覚え方を次のように紹介していました．

When doing integration by parts, We want to try first to differentiate Logs, Inverse trig functions, Powers, Trig functions and Exponentials. This can be remembered as LIPTE which is close to "lipton" (the tea). For coffee lovers, there is an equivalent one: Logs, Inverse trig functions, Algebraic functions, Trig functions and Exponentials which can be remembered as LIATE which is close to "latte" (the coffee).

(Integration by parts - Harvard Mathematics Department)

5つの関数の頭文字をとって，紅茶好きはliptonに似たLIPTE，コーヒー好きはlatteに似たLIATEと覚えましょうというわけです．

他の分野でもtabular methodという名前のついた解法があり，応用数学ではlinear convolution（線形畳み込み），ブール代数ではminimisation（最小化）などに使われていますが，表を使うということが共通なのであって，実際の方法は全く異なります．

80 Tabular Method 問題

1. Integrate $\int x^2 \log x dx$
2. Find the antiderivative of $\int x^6 e^x dx$
3. Find the antiderivative of $\int e^{-x} \sin x dx$

（解答は巻末）

Chapter 5

Misc.

【その他】

主に場合の数，確率，
統計分野などで見つけた
意外な数学英語を紹介しています．

keyword 81

Asymmetry & Antisymmetry

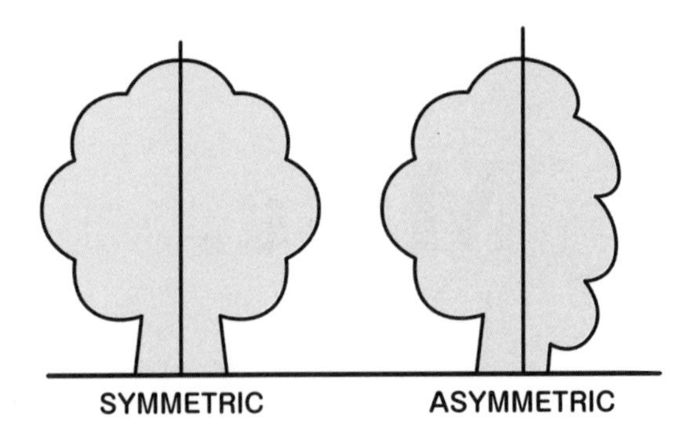

対称という意味の symmetry に，a とか anti とかつけばどういう意味になるでしょうか．

Asymmetry の日本語訳は非対称．読み方は æsímətri or eisímətri の2通りあります．カタカナでなるべく実際の発音に似せるとアシマトウリまたはエイシマトウリとなります．

Antisymmetry の方の日本語訳は反対称，これも読み方が ænti-símətri or æntɑɪ-símətri と2通りあり，前者は英国でアンチシマトウリ，米国でアニシマトウリ，後者はアンタイシマトウリになります（同僚の米国人に教わりました）．

では asymmetry と antisymmetry の意味の違いは何でしょうか．どっちも対称でないのですから，同じやん（大阪弁）といいたくなりますね（笑）．しかし，数学では明確な違いがあります．

1 Binary relation（二項関係）における symmetric relation（対称関係），asymmetric relation（非対称関係）and antisymmetric relation（反対称関係）

Binary relation の最も簡単な例は2つの数の関係です．a から b へ R という関係があるとき，aRb と表します．例えば3>2などの関係です．

■「a から b への関係が成り立つならば，b から a への関係も成り立つ」という場合，symmetric relation といいます．すなわち，

$$aRb \Rightarrow bRa$$

例えば R が＝という関係のとき，$a=b$ ならば $b=a$ も成立するので symmetric relation になります．

■「a から b への関係が成り立つならば，b から a への関係が成り立たない」という場合，asymmetric relation といいます．すなわち，

$$aRb \Rightarrow \neg(bRa)$$

例えば R が＞という関係のとき，$a>b$ ならば $b>a$ は成立しないので asymmetric relation になります．

■「a から b への関係が成り立ち，かつ b から a への関係も成り立つならば，$a=b$ が成り立つ」という場合，antisymmetric relation といいます．すなわち，

$$aRb \wedge bRa \Rightarrow a=b$$

例えば R が≧という関係のとき，$a \geqq b$ かつ $b \geqq a$ ならば $a=\mathrm{b}$ が成立するので antisymmetric relation になります．また，集合の包含関係でも次式が成り立つので，antisymmetric relation といえます．

$$A \subseteq B \wedge B \subseteq A \Rightarrow A=B$$

2 関数 / 整式 / 行列などの asymmetry（非対称性）と antisymmetry（反対称性）

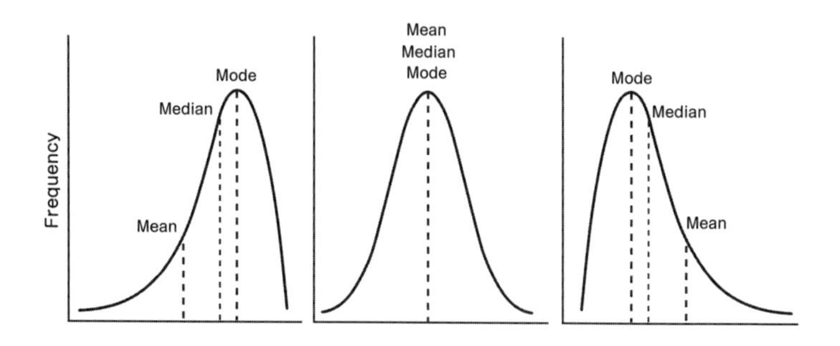

■ **Symmetry** なグラフといえば正規分布ですが，その峰が左右にずれた場合，asymmetry な曲線になります．分布の非対称性を示す指標を skewness（歪度＝わいど）といい，峰が右にずれて左が低い場合（J 型）の歪度は負，左右対称であれば歪度は 0，峰が左にずれて右が低い場合（L 型）の歪度は正になります．

■ **Antisymmetry** は，「ある変換をした結果が逆の符号になるもの」をいいます．

例えば関数 $y=f(x)$ で，$f(-x)=f(x)$ となる偶関数は symmetry，$f(-x)=-f(x)$ になる奇関数は antisymmetry になります．しかし奇関数は rotational symmetry with respect to the origin（原点対称）なので広義では symmetry ともいえます．

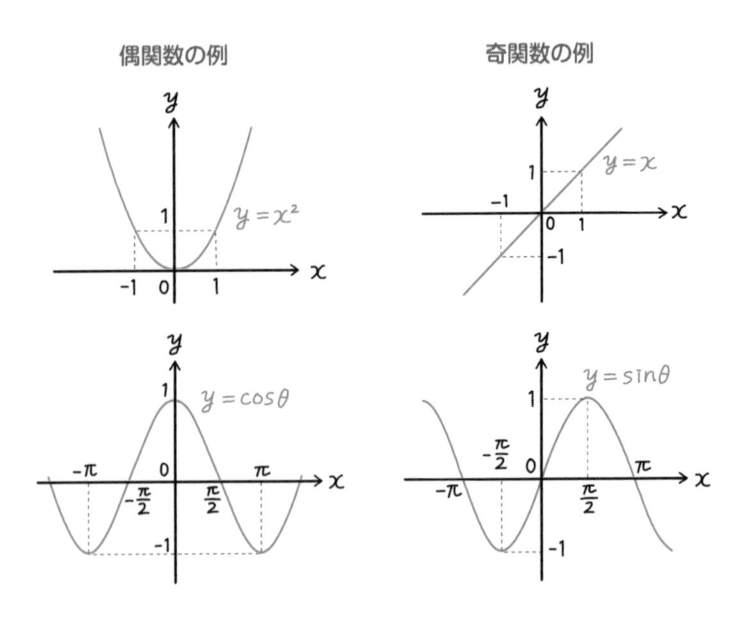

また整式 $f(x, y)$ で，x と y を入れ替えても変わらない対称式，例えば $x+y$ は symmetry であり，x と y を入れ替えると符号が変わる交代式，例えば $x-y$ は antisymmetry になります．

さらに行列でも，行列 A に対してその transpose（転置行列）A^T が等しいときは symmetry，符号が逆になるものは antisymmetry になります．因みに行列式も，行か列を入れ替えると次のように符号が変わるので antisymmetry になります．

$$\begin{vmatrix} a & b \\ c & d \end{vmatrix} = ad-bc, \quad \begin{vmatrix} c & d \\ a & b \end{vmatrix} = bc-ad$$

keyword 82

Complement and Supplement

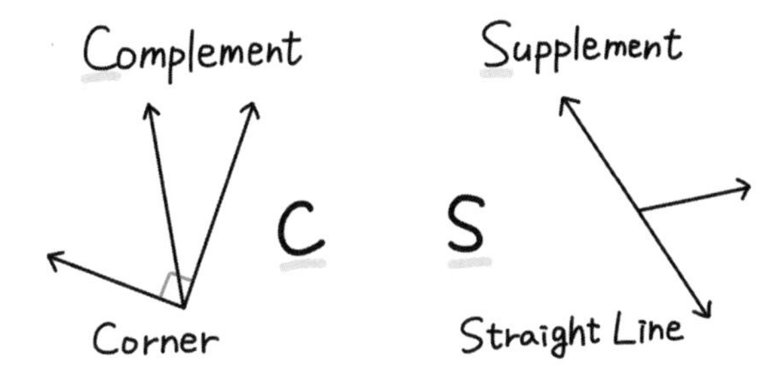

英語の文型にSVCやSVOCがあり，このCをcomplement（補語）といいますが，数学ではいくつか異なる意味があります．

代数では，n桁の正の整数aに対して，10^n-aをcomplement（補数）といいます．例えば，3の補数は$10-3=7$，34の補数は$100-34=66$，345の補数は$1000-345=655$です．補数はもともとコンピューターの演算でnegative number（負の数）を表すのに考えられたもので，補数を使うと引き算を足し算ですることができ，計算回路を簡素にすることができます．その方法は，$a-b$を計算するのに$a+$（aの補数）を計算してから一番上の桁を無視するというものです．簡単な例を見てみましょう．

まず補数を求めるのに，例えば上の$1000-345$は，このままだと繰り下がり（一般には「隣から1を借りる」）という操作をしなければならないので，$999-345$を求めてから1を足します．式で表すと，$10^n-1-b+1$で補数を計算させます．従って，引き算全体を式で表すと次のようになります．

$$a-b=a+(10^n-1-b+1)-10^n$$

最後の-10^nは，「一番上の桁を無視する」ことになります．例えば$a=623$, $b=154$のときは，

$$\begin{aligned}623-154&=623+(10^3-1-154+1)-10^3\\&=623+(999-154+1)-10^3\\&=623+(845+1)-10^3\\&=623+846-10^3\\&=1469-10^3\\&=469\end{aligned}$$

と計算させます．こうすると繰り下がりがなくなります．

補数の中でも特に two's complement（2 の補数＝2 進数の補数）がコンピューターで利用されていますが，この場合は 1 を 0 に，0 を 1 に変えて 1 を足したものが補数になります．例えば 2 進数 0101 の 2 の補数は，1010 に 1 を加えて 1011 となります．その計算は，

$$
\begin{aligned}
10000-1-0101+1 &= 1111-0101+1 \\
&= 1010+1 \\
&= 1011
\end{aligned}
$$

となります．確かに 2 進数では 0101+1011=10000 になりますね．

集合論では，全体集合 U とその部分集合 A に対して，U から A を除いたものを A の complement（補集合）といい，A^C とか $\overline{A}$ で表します．例えば，整数全体の集合で，偶数全体の集合の complement は奇数全体の集合になります．

幾何の用語では complement (of an angle) または complementary angle（余角＝和が 90° になる 2 つの角），complementary arc（余弧＝和が円になる 2 つの弧）があります．

似たような意味の用語に supplement があります．幾何の用語では supplement (of an angle) または supplementary angle（補角＝和が 180° になる 2 つの角），supplementary arc（補弧＝和が半円になる 2 つの弧），supplemental chord / supplementary chord（補弦＝半円の直径の両端と弧上の点を結ぶ 2 つの弦）があります．

Complement も supplement も「補う」という意味ですが，前者は「もっと良くなるように補う」，後者は「足りないので補う」というように微妙な意味の違いがあります．

Complement と似た単語で compliment があり，こちらは賛辞とか祝辞という意味があります．発音はほとんど変わりませんが，カタカナではコンプルメントとコンプリメントと区別したほうが良さそうです．栄養補助食品は supplement なのに，カタカナでサプリメントとよく書かれてあるので，サプルメントの方がいいと思います．

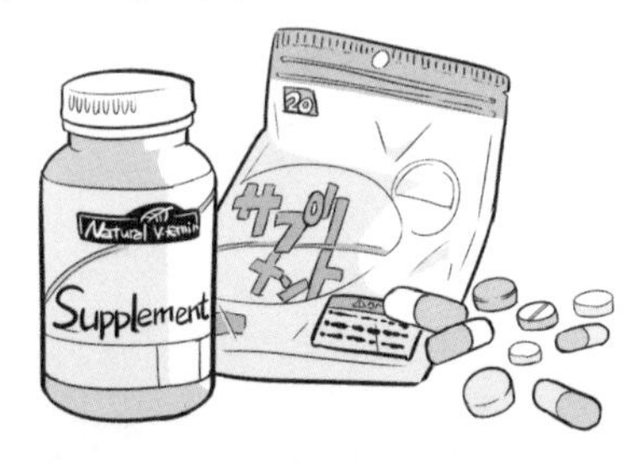

keyword 83

Ferris Wheel

Ferris Wheel

Ferris wheel は数学用語ではありませんが，三角関数の応用問題で頻出するので，ぜひ知っておきたい用語です．

Ferris には特に意味はなく，人名のひとつなので，Ferris wheel というと「フェリスさんの車輪」という意味になりそうですが，これは Ferris という人が世界初の観覧車 (Chicago Wheel) を設計したので，それに敬意を表して観覧車のことを一般的にこう呼んでいます．

英国系では観覧車を big wheel，または巨大なものを giant wheel と呼ぶこともありますが，英国の出版社である Cambridge University Press, Oxford University Press，Pearson Education の IB（国際バカロレア）数学の教科書など，多くの場合は Ferris wheel という用語が使われています．

■Cambridge University Press

The original Ferris Wheel was constructed in 1893 in Chicago. It was just over 80 m tall and could complete one full revolution in 9 minutes. During each revolution, how much time did the passengers spend more than 50 m above the ground? (IB Math SL)

■Oxford University Press

A Ferris wheel at an amusement park reaches a maximum height of 46 metres and a minimum height of 1 metre. It takes 20 minutes for the wheel to make one full rotation. Write a sine function to model the height of the child t minutes after boarding the Ferris wheel. (IB Math SL)

■Pearson Education

We are surrounded by periodic functions. A few examples include: the average daily temperature variation during the year; sunrise and the day of the year; animal populations over many years; the height of tides and the position of the Moon; and your height above ground when riding a Ferris wheel and the rotation of the wheel. (IB Math SL)

83 Ferris Wheel 問題

The Ferris wheel at the Royal Show turns one full circle every minute. The lowest point is 1 metre from the ground, and the highest point is 25 metres above the ground.

(a) When riding on the Ferris wheel, your height above ground level after t seconds is given by the model $h(t)=a+b\sin(c(t-d))$. Find the values of a, b, c, and d given that you start your ride at the lowest point.

(b) If the motor driving the Ferris wheel breaks down after 91 seconds, how high up would you be while waiting to be rescued?

(IB Math SL : Haese Mathematics)

（解答は巻末）

keyword 84

Stars and Bars Method

直訳すると「星と棒の方法」となりますが，combination with repetition（重複組合せ）の問題，別名 multichoose problem または stars and bars problem と呼ばれる問題を解く方法です．

例えばりんご，みかん，バナナの 3 種類が多数ある中から 4 個を選ぶとします．すると（りんご，みかん，バナナ）の数の組合せは，
①全種類から少なくとも一つは選ぶ場合

(1,1,2), (1,2,1), (2,1,1)

の 3 通りあります．
②選ばない種類があってもいい場合

(0,0,4), (0,1,3), (0,2,2), (0,3,1), (0,4,0),
(1,0,3), (1,1,2), (1,2,1), (1,3,0),
(2,0,2), (2,1,1), (2,2,0),
(3,0,1), (3,1,0),
(4,0,0)

の 15 通りと急に多くなります．

種類や選ぶ個数が多くなったらどうするか．ここで **stars and bars method** を使います．n 種類のものが多数ある中から r 個を選ぶとしましょう．

②の場合から先に考えます．これは，r 個の★と $n-1$ 個の仕切り｜（たて棒）を一列に並べる場合の数，すなわち「2 種類の同じものを含む順列」${}_{n+r-1}C_r = {}_{n+r-1}C_{n-1}$ と同じになります．例えば上の②の場合のいくつかを stars and bars で表すと次のようになります。

(0,0,4) = ||★★★★
(1,0,3) = ★||★★★
(1,1,2) = ★|★|★★
(4,0,0) = ★★★★||

2本の仕切りの左側がりんご，間がみかん，右側がバナナと決めておけば，すべて同じ★で表してもいいわけです．${}_{n+r-1}\mathrm{C}_r$ は簡単に ${}_n\mathrm{H}_r$ と表します．この場合は $n=3, r=4$ なので，${}_3\mathrm{H}_4={}_{3+4-1}\mathrm{C}_4={}_6\mathrm{C}_4={}_6\mathrm{C}_2=15$ と計算できます．

日本の参考書等では★の代わりに○がよく使われていますから，circles and bars といってもいいかも知れません．

①の場合は，まず各種類から1個ずつ選んでおいて，残りの $r-n$ 個を②の場合と同様に考えます．すなわち，${}_n\mathrm{H}_{r-n}={}_3\mathrm{H}_{4-3}={}_3\mathrm{H}_1={}_3\mathrm{C}_1=3$ で求められます．

以上をまとめると，

①全種類から少なくとも一つは選ぶ場合

$${}_n\mathrm{H}_{r-n}$$

②選ばない種類があってもいい場合

$${}_n\mathrm{H}_r={}_{n+r-1}\mathrm{C}_r={}_{n+r-1}\mathrm{C}_{n-1}$$

さて上の果物の問題は，方程式 $x+y+z=4$ の整数解の組の個数を求める問題といえます．

①は正の整数解の組の個数を求める場合で，(x, y, z) の組合せは ${}_3\mathrm{H}_{4-3}=3$ 通りです．

②は負でない整数解の組の個数を求める場合で，(x, y, z) の組合せは ${}_3\mathrm{H}_4=15$ 通りです．

これらの数の組を multiset（多重集合）といいます．

②の場合，${}_n\mathrm{H}_r$ と表しますが，binomial coefficient（二項係数）${}_n\mathrm{C}_r$ を $\binom{n}{r}$ と書くときは，${}_n\mathrm{H}_r$ を $\left(\!\binom{n}{r}\!\right)$ と書きます．以上をまとめて式で表すと次のようになります．

$${}_nH_r=\left(\!\binom{n}{r}\!\right)={}_{n+r-1}C_r=\binom{n+r-1}{r}=(n-1,r)!=\frac{(n+r-1)!}{(n-1)!r!}$$

途中の式$(n-1, r)!$は，multinomial coefficient（多項係数）の2項の場合の表し方で，多項係数の場合は次の式になります．

$$(n_1, n_2, \cdots, n_k)! = \frac{(n_1 + n_2 + \cdots + n_k)!}{n_1! n_2! \cdots n_k!}$$

因みに，次数が等しい項だけでできている多項式をhomogeneous polynomial（同次多項式または斉次多項式）といい，このlike term（同類項）の種類の数が重複組合せになります．${}_n\mathrm{H}_r$の H はこのhomogeneousの頭文字から来ています．

（例）x, y, zでできる4次の項

(0,0,4) = ｜｜★★★★ → z^4
(1,0,3) = ★｜｜★★★ → xz^3
(1,1,2) = ★｜★｜★★ → xyz^2
(4,0,0) = ★★★★｜｜ → x^4

One More Word

400 grade

時間を10進法にしようとした話がありましたが，これは角度を10進法にしようとしたもので，100 grade＝90°，すなわち400 gradeが360°（周角）になります．360°は他にもいろいろな言い方があります．
perigon, round angle, full angle, complete angle, 1 turn, 2π radian, τ radian.

< Solutions 解答編 >

日本の学校の試験は，電卓を使わないのが常識ですが，海外では電卓を使う試験と使わない試験と両方あります．この解答編で手計算で困難な問題は，グラフ電卓（GDC），グラフ電卓アプリ，オンラインの質問応答システム等を使っています．原則として significant figures（有効数字）は 3 桁にしています．

【01 **At Most** 解答】

$$q = -\frac{1}{6}x^3 + \frac{13}{6}x + 1$$

【02 **Cartesian plane** 解答】

(1) $y = 3x$
(2) $x^2 - y^2 = 1$

【03 **Direct Variation** 解答】

Let $A = kab$
$300\pi = k \times 10 \times 30$
$k = \pi$
$A = \pi ab$

【05 **DMS** 解答】

(1) 28.2564°
(2) 36° 23’ 24”

【06 **DST** 解答】

(1) Substitute $D = 15$ and $S = 6$ into the formula $T = \frac{D}{S}$
$T = \frac{15}{6} = 2.5$ hours
So Simon will take 2 hours and 30 minutes to cover the distance.
(2) If the $D = d$, take $\frac{d}{60}$ hours on going and take $\frac{d}{20}$ hours on returning.
So the average speed is $\dfrac{2d}{\left(\frac{d}{60} + \frac{d}{20}\right)} = 30$ km/h.

【08 Fractional Part 解答】

$5^2=25$，$6^2=36$ だから，x の integer part は 5 と推測できるので，$x=5+t$ とおくと，$x^2+\{x\}^2=27$ より，$(5+t)^2+t^2=27$

これを解いて，$t=\dfrac{-5+\sqrt{29}}{2}$

よって，$x=5+t=\dfrac{5+\sqrt{29}}{2}$

【09 HCF 解答】

$240 = 2 \times 2 \times 2 \times 2 \times 3 \times 5$
$924 = 2 \times 2 \times 3 \times 7 \times 11$
The HCF is $2 \times 2 \times 3 = 12$

【11 Line Graph 解答】

(1)

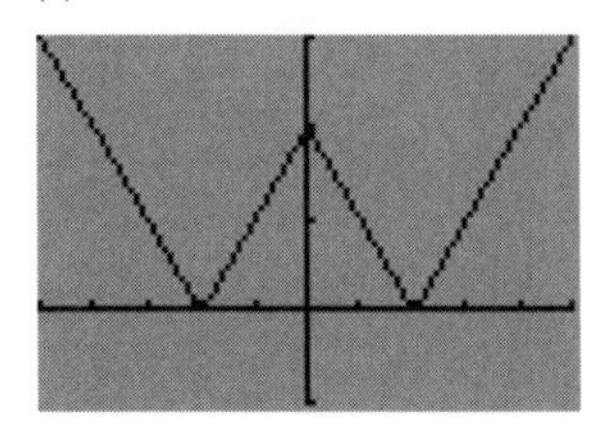

(2)

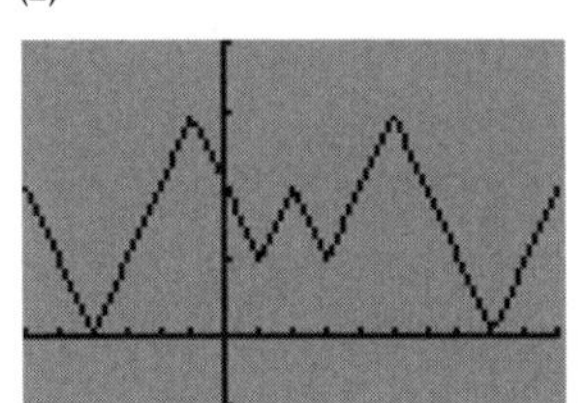

【13 Magnitude 解答】

$$R=\log_{10}\frac{4I}{I_0}=\log_{10}4+\log_{10}\frac{I}{I_0}\approx 0.6+8.3=8.9$$

【15 Oneth 解答】

False（1 分の 1 の位はないので）

【16 PEMDAS / BODMAS 解答】

（WolframAlpha やグラフ電卓 TI84 などでは）
$12/3x-3+4=12\div 3\times 2-3+4$
$=4\times 2-3+4=8-3+4=5+4=9$

（日本の学習指導要領中学数学では）
$12/3x-3+4=12\div(3\times 2)-3+4$
$=12\div 6-3+4=2-3+4=-1+4=3$

【17 Radicals and Surds 解答】

(1) b

(2) $\dfrac{4+\sqrt{6}}{2}$

【18 Radix Point 解答】

Decimal	Binary	Hexadecimal	Base7
0.25	0.0100	0.4	$0.\dot{1}\dot{5}$
171.75	10101011.1100	AB.C	$333.\dot{5}\dot{1}$

【20 Sig Figs 解答】

GDC を利用して，$V=\displaystyle\int_b^a \pi y^2 dx$ より
a) 18.6
b) 30.2

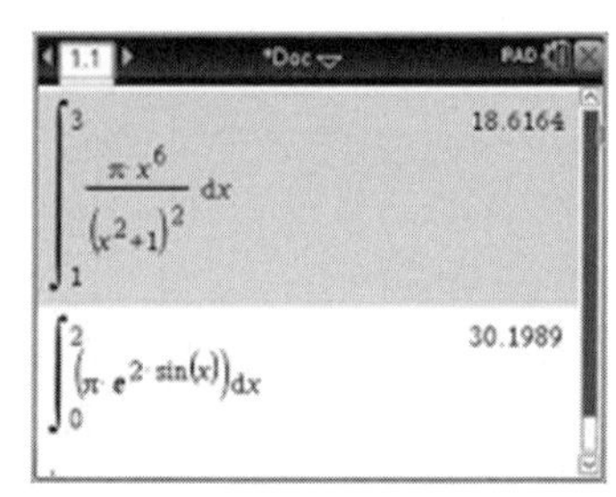

【22 Vinculum 解答】

$\frac{434}{1221}$, $0.\overline{355446}$

【24 Closure Property 解答】

closed under multiplication and division.
not closed under addition and subtraction since $1+1=2$, $1-1=0$.

【25 Continued Square Roots 解答】

3

【26 Crisscross Method 解答】

$12x^2-61x-16$ の AC＝−192, B＝−61 なので，積が−192 で和が−61 になる 2 数は 3 と −64．よって，
$12x^2+3x-64x-16$
$=3x(4x+1)-16(4x+1)$
$=(3x-16)(4x+1)$

【27 Diophantine Equations 解答】

(1) The problem can be restated as an equation of the form $300x+210y=d$, where x is the number of pigs, y is the number of goats, and d is the positive debt. The problem asks us to find the lowest d possible. x and y must be integers, which makes the equation a Diophantine equation. The Euclidean algorithm tells us that there are integer solutions to the Diophantine equation $ax+by=d$, where d is the greatest common divisor of x and y, and no solutions for any smaller d. Therefore, the answer is the greatest common divisor of 300 and 210, which is 30, (C).

(2) $95x+97y=4238 \Leftrightarrow 95x+97(y-43)=67 \Leftrightarrow 95p+97q=1$
$\Leftrightarrow 95\cdot 48+97\cdot(-47)=1 \Leftrightarrow 95\cdot 3216+97\cdot(-3149)=67$
$\Leftrightarrow x=3216+97k=15+97(33+k) \Leftrightarrow$ Donut$=15$
Jack must pay $15\cdot 0.95=14.25$, and Jill must pay $29\cdot 0.97=28.13$. The total to pay is 42.38, which accords with the total bill.

【28 Explicit Formula 解答】

a

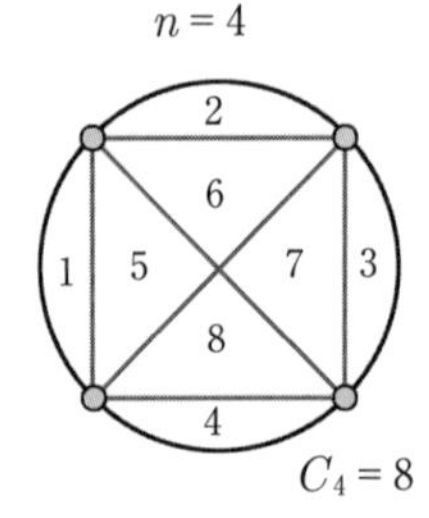

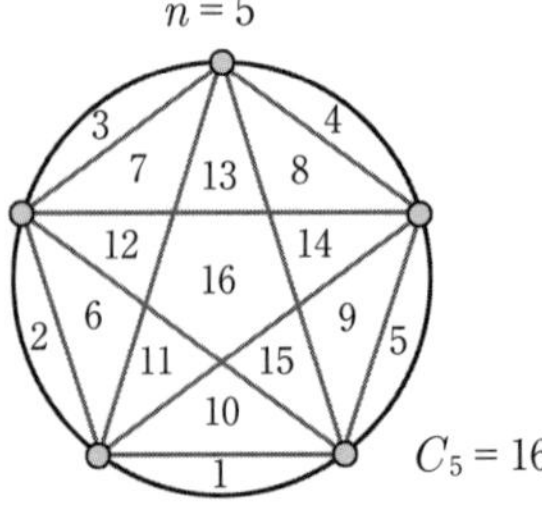

b *Conjecture*: The number of regions for n points placed around a circle is given by $C_n = 2^{n-1}$, $n \in \mathbb{Z}^+$.

c

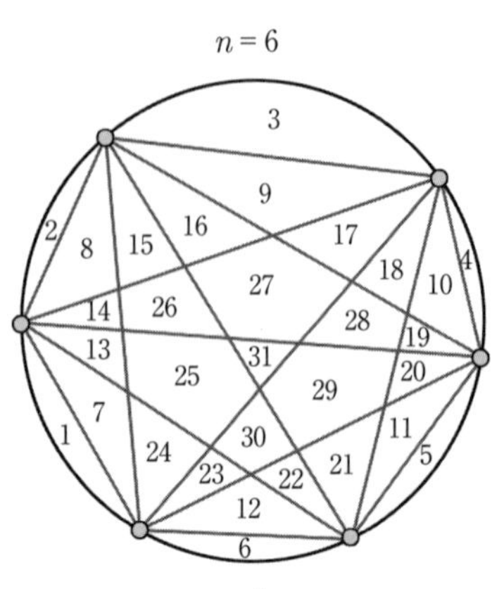

No. By the conjecture we expect $2^5 = 32$ regions, but there are only 31.

正解は 2^{n-1} ではなく，$\dfrac{1}{24}(n^4 - 6n^3 + 23n^2 - 18n + 24)$ になります．
その理由は「33 Method of Differences」で見てください．

(Moser's Circle Problem)

【30 Inside and Outside Function 解答】

仮定より $g\circ h(x)=2x^2+3x$ (1)

$h\circ g(x)=x^2+2x-2$ (2)

式 (2) に $x=-2$ を代入すると，$h\circ g(-2)=-2$ (3)

ここで $g(-2)=t$ とおくと式 (3) は $h(t)=-2$ だから，$g\circ h(t)=g(-2)$ (4)

式 (1) より $g\circ h(t)=2t^2+3t$ なので，式 (4) は $2t^2+3t=t$

これを解いて，$t=0, -1$　すなわち $g(-2)=0, -1$

選択肢の中からは，(b) -1 が正解．

【37 Pronumeral 解答】

(a) $\theta=\arctan\left(\frac{15}{5}\right)=71.6°$

(b) $x=8\tan70°=22.0$

(c) $\alpha=\arccos\left(\frac{7}{12}\right)=54.3°$，　$\beta=90-54.3=35.7°$

【39 R-Alpha Method 解答】

左辺を変形すると，

$\sqrt{52}\cos(x-33.7°)=3$

これを解いて，

$x=99°$，$328°$

ところが，図のようにグラフ電卓を使うと，左辺のグラフと右辺のグラフの交点を求めれば，式変形しなくても解けます．

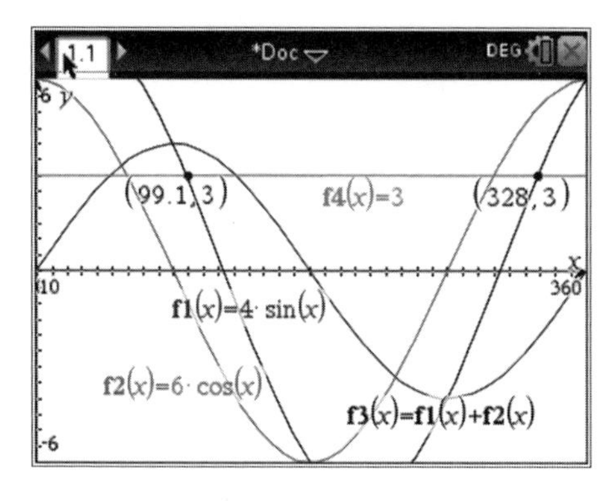

【43 Wrapping Function 解答】

Q1.

a. $W(2)=(0,1)$, $W(3)=(0,0)$, $W(4)=(1,0)$, $W(5)=(1,1)$

b. 単位正方形を1周，2周，…と包んでいくので周期関数になる．周期は4.

c. 通る点が周期的になるので，その座標も周期的になる．

d. nを整数（$n\in\mathbb{Z}$），[ ]をガウス記号とすると，

$4n\leq t\leq 4n+1$のとき，$W(t)=(1,\ t-[t])$

$4n+1\leq t\leq 4n+2$のとき，$W(t)=(1-t+[t],\ 1)$

$4n+2\leq t\leq 4n+3$のとき，$W(t)=(0,\ 1-t+[t])$

$4n+3\leq t\leq 4(n+1)$のとき，$W(t)=(t-[t],\ 0)$

よって，$u=c(t)$と$u=s(t)$のグラフは，

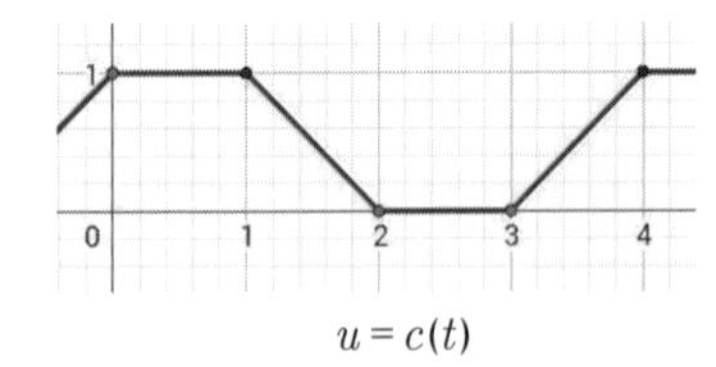

$u=c(t)$

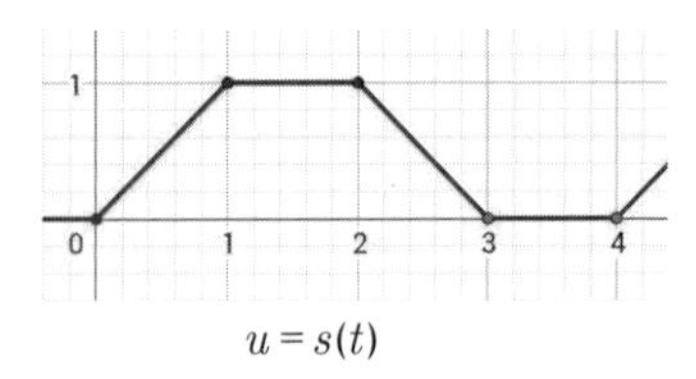

$u=s(t)$

Q2.

点(1, 0)を起点として単位円を反時計回りに包む円弧の長さがtのときの先端の座標を($\cos t$, $\sin t$)と定義する．

【46 Bearing 解答】

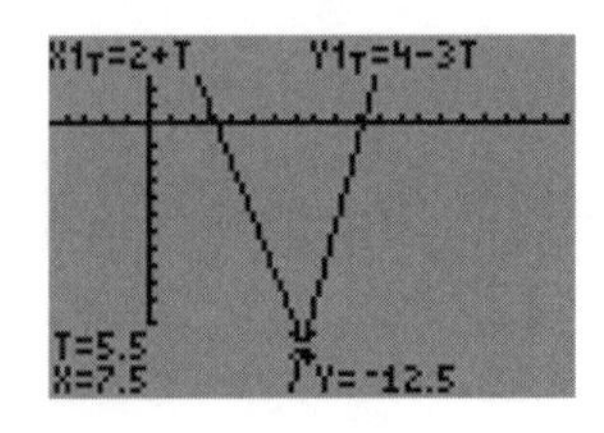

a) Boat A: $(x_1(t), y_1(t))=(2, 4)+t(1,-3)$ より $x_1(t)=2+t$, $y_1(t)=4-3t$, $t\geq 0$

b) Boat B: $(x_2(t), y_2(t))=(11, 3)+(t-2)(-1, a)$ より

$x_2(t)=13-t$, $y_2(t)=3-2a+at$, $t\geq 2$

c) $2+t=13-t$ より $t=\dfrac{11}{2}$ だから 2:22:30 pm

d) このとき $4-3t=3-2a+at$ より $a=-\dfrac{31}{7}$ なので 速度ベクトルは

$v=\left(-1,\ -\dfrac{31}{7}\right)$ となり $\mathrm{Tan}^{-1}\left(\dfrac{7}{31}\right)\approx 13^{\circ}$ だから bearing ≈ 13° west of south (or 193°)　$|v|=\sqrt{(1+a^2)}=\sqrt{(1010/49)}\approx 4.54$

【47 Cevian 解答】

b=8, c=7, m=6, n=5, a=11 なので，Cevian AD の長さは式 (4) より

$$\sqrt{\frac{299}{11}} \approx 5.21$$

【50 Duck's Egg 解答】

(1) 定義より

$$\sqrt{x^2+y^2}+m\sqrt{(x-c)^2+y^2}=d$$

平方根をひとつ移項して平方し，残った平方根と他方を分けてまた平方して整理すると，式 (1) が導かれる．

(2) 定義より

$$\sqrt{(x+c)^2+y^2}\times\sqrt{(x-c)^2+y^2}=d^2$$

平方して整理すると，式 (2) が導かれる．

【51 Hemisphere 解答】

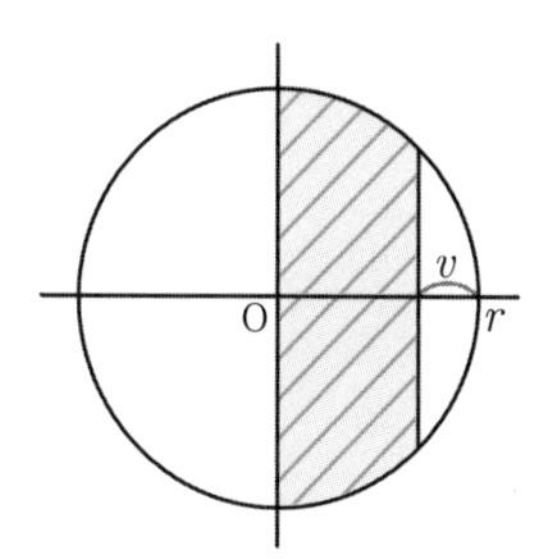

図の斜線部の x 軸回転体になります．$r-v=a$ とすると，

$$\pi\int_0^a (r^2-x^2)dx=\frac{1}{3}\pi a(3r^2-a^2)$$

これに r=10, a=7 を代入すると，約 1840 になります．

【54 Midsegment Theorem 解答】

Cantor set は1回の操作につき，長さ$\frac{1}{3}$の相似図形が2つ残るので，その fractal dimension は，$\log_3 2 = 0.6309297536\cdots \approx 0.63$

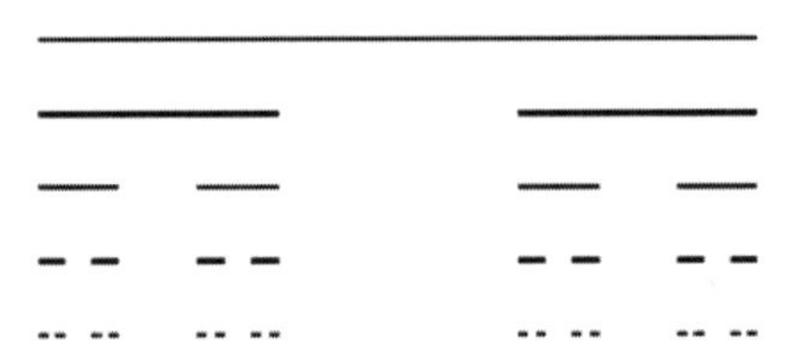

Koch curve は1回の操作につき，長さ$\frac{1}{3}$の相似図形が4つ残るので，その fractal dimension は，$\log_3 4 = 1.261859507\cdots \approx 1.26$

【56 Oblique Triangle 解答】

(1) 余弦定理より

$\sqrt{28} = 2\sqrt{7} \approx 5.29$

(2) $A = 53°18' = 53.3°$，$B = 48°36' = 48.6°$ より，$C = 180 - 53.3 - 48.6 = 78.1°$ で正弦定理より

$$\frac{\sin C}{c} = \frac{\sin B}{b} \Leftrightarrow \frac{\sin 78.1°}{652} = \frac{\sin 48.6°}{b}$$

$$\Leftrightarrow b = \frac{652 \cdot \sin 48.6°}{\sin 78.1°}$$

$$= 499.8$$

$w = b \sin 53.3° = 400.7 \approx 401$

【58 Plan and Elevation 解答】

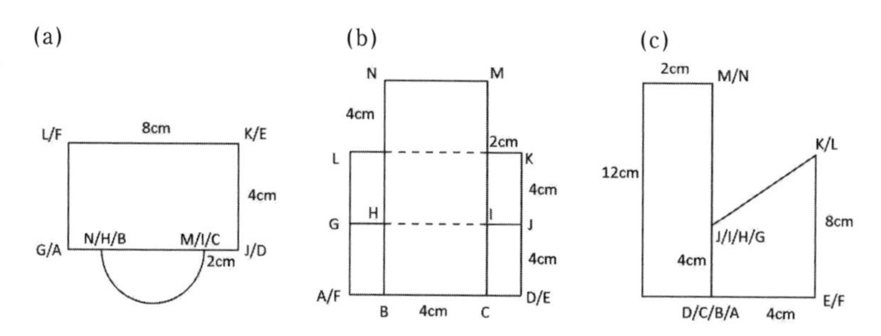

【60 Radii 解答】

(1)

$$S = \frac{1}{2}\cosh t \sinh t - \int_1^{\cosh t} \sinh t dx$$

第 2 式 $= \displaystyle\int_0^t \sinh^2 t dt = \int_0^t \frac{\cosh 2t - 1}{2} dt = \left[\frac{\sinh 2t}{4} - \frac{t}{2}\right]_0^t = \frac{\sinh 2t}{4} - \frac{t}{2}$

$$= \frac{1}{2}\cosh t \sinh t - \frac{t}{2}$$

よって，$S = \dfrac{t}{2}$

(2)

$$V = \frac{1}{3}\pi r^2 (R-h) + \pi \int_{R-h}^{R} (R^2 - x^2) dx$$

$$\frac{V}{\pi} = \frac{1}{3}(2Rh - h^2)(R-h) + \left[R^2 x - \frac{1}{3}x^3\right]_{R-h}^{R}$$

$$= \frac{1}{3}(2R^2 h - 3Rh^2 + h^3) + R^2(R - (R-h)) - \frac{1}{3}(R^3 - (R-h)^3)$$

$$= \frac{2}{3}R^2 h$$

よって，$V = \dfrac{2}{3}\pi R^2 h$

(3)

$$V=\frac{1}{3}\pi(R^2-(R-h-b)^2)(R-h-b)+\pi\int_{R-h-b}^{R-b}(R^2-x^2)dx$$

$$-\frac{1}{3}\pi(R^2-(R-b)^2)(R-b)$$

$$\frac{V}{\pi}=\frac{1}{3}(R^2-(R-h-b)^2)(R-h-b)+\int_{R-h-b}^{R-b}(R^2-x^2)dx$$

$$-\frac{1}{3}(R^2-(R-b)^2)(R-b)$$

$$=\frac{1}{3}(-b-h+R)(R^2-(-b-h+R)^2)+\frac{1}{3}(-b-h+R)^3$$

$$-\frac{1}{3}(R^2-(R-b)^2)(R-b)-\frac{1}{3}(R-b)^3+hR^2$$

$$=\frac{2}{3}R^2h$$

よって，$V=\frac{2}{3}\pi R^2h$

【61 **Rhomboid** 解答】

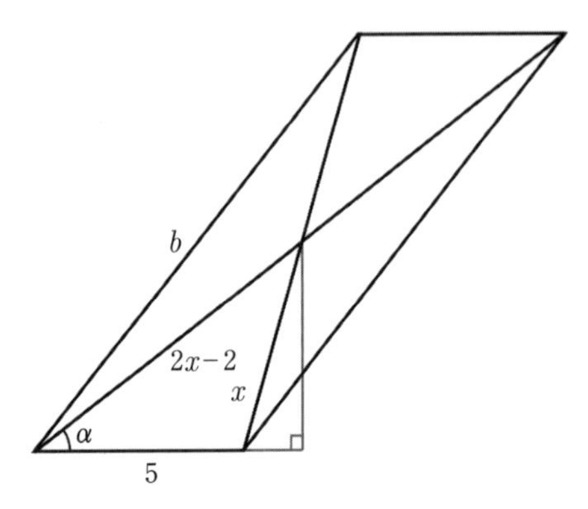

短い方の対角線の長さを $2x$ とし，長い方の対角線と底辺とのなす角を α とします．平行四辺形の面積が 48 で底辺が 5 なので，高さは $\frac{48}{5}$ となります．なので sin の定義より

$$\sin\alpha = \frac{\frac{24}{5}}{2x-2}$$

一方，余弦定理より，

$$\cos\alpha = \frac{5^2 + (2x-2)^2 - x^2}{2 \cdot 5 \cdot (2x-2)}$$

これらを

$$\sin^2 x + \cos^2 x = 1$$

に代入して整理すると，

$$9x^4 - 48x^3 - 162x^2 + 336x + 2745 = 0$$

となるので，この 4 次方程式を解かなければなりません．手計算では困難なのでグラフ電卓を使って，左辺の 4 次関数の零点（x 軸との交点）を求めましょう．

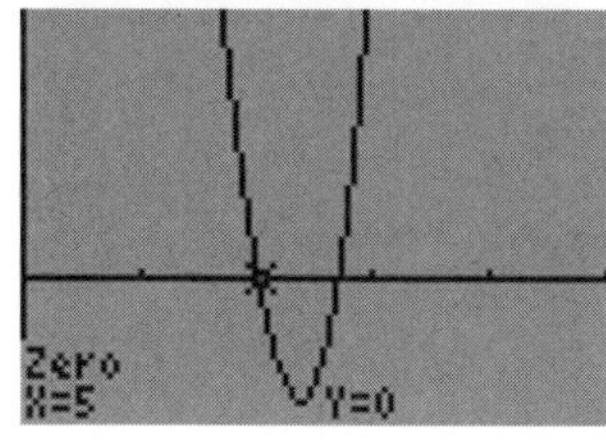

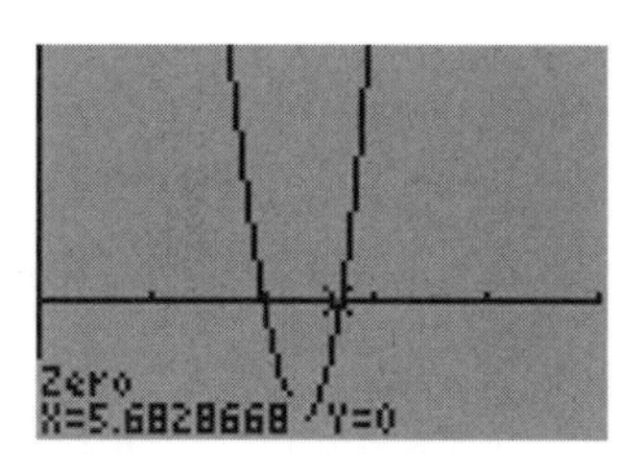

よって，$x=5$ および $x=5.6828668\cdots$ですが，"exact value"（近似値でなく根号や π などを用いた値）で答えなければならないので，WolframAlpha に計算してもらうと，2 つの実数解と 2 つの虚数解になり，実数解のひとつで

ある $x=5.68\cdots$ の方の exact value は大変な値になりました．下図の上から 2 つ目の x です．

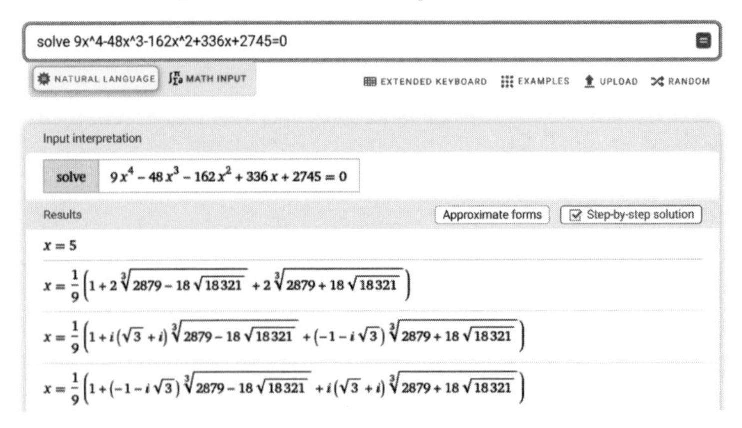

このように実数解が 2 つ，虚数解が 2 つありますが，最も簡単な値（$x=5$）のときだけ周長まで計算してみましょう．$x=5$ のとき，長い方の対角線の長さの $\frac{1}{2}$ は $2x-2=8$ です．このとき対角線のなす角も α なので，

$$\sin(\pi-\alpha)=\frac{3}{5} \qquad \cos(\pi-\alpha)=-\frac{4}{5}$$

となって，余弦定理より，

$$b^2=5^2+8^2-2\cdot5\cdot8\cdot\cos(\pi-\alpha)=153$$

$$b=\sqrt{153}=3\sqrt{17}$$

従って，$x=5$ のときの rhomboid の周長の exact value は

$$2a+2b=10+6\sqrt{17}$$

となり，近似値は約 34.7 となります．

【62 Scale Factor 解答】

a) 12 : 5 : 13
b) 63 : 67

【63 Shear Transformation 解答】

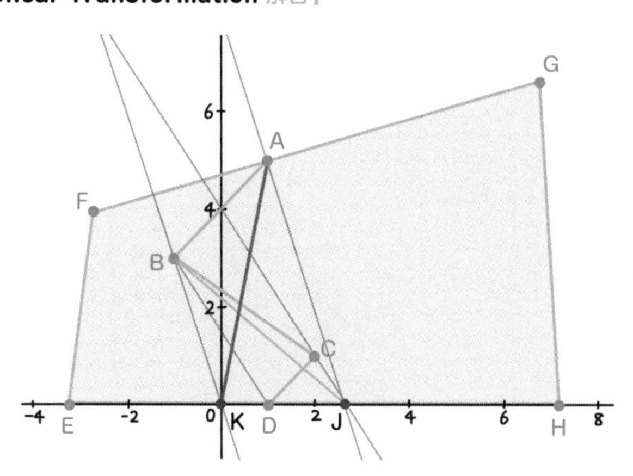

直線 BD は $y = -32(x-1)$
点 C を通り BD に平行な直線は $y - 1 = -32(x-2)$
この直線と x 軸との交点 J = (83,0)
直線 AJ の傾きは -3
求める直線の x 軸との交点を K とすると，
直線 BK は $y-3=-3(x+1)$ より　$y=-3x$ となり
K=(0, 0)
よって求める直線 AK は $y=5x$

【65 Straightedge and Compass Construction 解答】

1)

2)

<u>線分 AB を 1 辺とする正五角形の作図</u>

① 線分 AB の垂直 2 等分線 m を引き，線分 AB の中点を M とする．

② 直線 m 上（線分 AB の上側）に，AB=MP となる点 P をとる．

③ AP の延長上に，AM=PQ となる点 Q をとる．

④ A を中心として AQ を半径とする円と，直線 m との交点（線分 AB の上側）を D とする．

⑤ D を中心として AB を半径とする円と，A を中心として同じ半径の円の交点（直線 m の左側）を E とする．

⑥ D を中心として AB を半径とする円と，B を中心として同じ半径の円の交点（直線 m の右側）を C とする．

⑦ B, C, D, E, A を結ぶ．

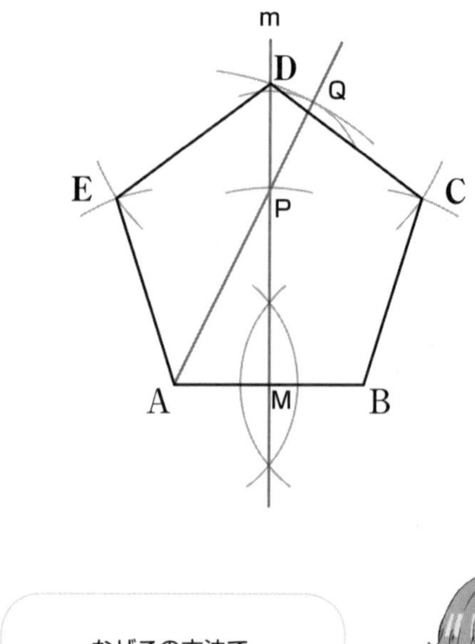

なぜこの方法で
描けるの？

【70 Complete Pair & Half Pair 解答】

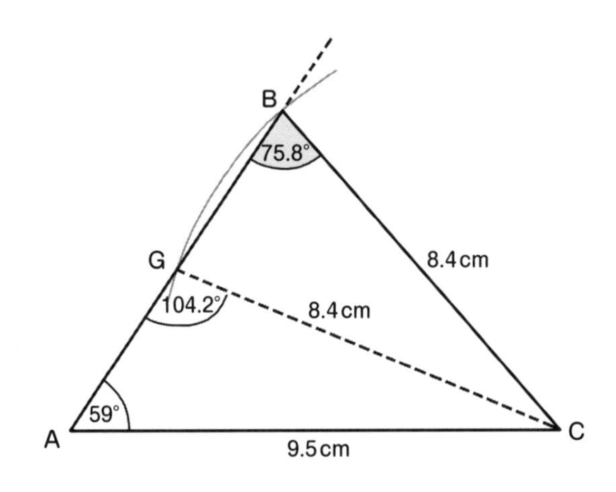

$$\frac{8.4}{\sin 59^\circ} = \frac{9.5}{\sin B}$$

$$\sin B = \frac{\sin 59^\circ}{8.4} \times 9.5 = 0.9694...$$

$$B_1 = \sin^{-1} 0.9694... = 75.8^\circ$$

$$B_2 = 180 - 75.8 = 104.2$$

$$B = 75.8^\circ \text{ or } 104.2^\circ$$

このように2通りの場合があることを ambiguous case といいます.

【71 Compound Interest 解答】

$A(3) = 2340.00 \times e^{0.031 \times 3} \approx 2568.06$

【72 First Principles 解答】

（途中，$\frac{h}{x}$ を d と置き換えています）

$$
\begin{aligned}
(\ln x)' &= \lim_{h\to 0}\frac{\ln(x+h)-\ln x}{h} \\
&= \lim_{h\to 0}\frac{1}{h}\ln\left(\frac{x+h}{x}\right) \\
&= \lim_{h\to 0}\ln\left(1+\frac{h}{x}\right)^{\frac{1}{h}} \\
&= \lim_{d\to 0}\ln(1+d)^{\frac{1}{dx}} \\
&= \lim_{d\to 0}\frac{1}{x}\ln(1+d)^{\frac{1}{d}} \\
&= \frac{1}{x}\ln e \\
&= \frac{1}{x}
\end{aligned}
$$

【73 Half-life 解答】

現在の炭素12の量からわかるこの羊皮紙の炭素14の初期値は

$N_0 = 1.3\times 10^{-12}$

できてから t 年後に残っていた炭素14は

$N = 1.0\times 10^{-12}$，$t_{1/2} = \frac{\ln 2}{\lambda}$ より $\lambda = \frac{\ln 2}{t_{1/2}} = \frac{\ln 2}{5730}$ なので，

$N = N_0\cdot e^{-\lambda t}$ より，

$1.0\times 10^{-12} = (1.3\times 10^{-12})e^{-\frac{\ln 2}{5730}t}$

これを解くと，

$t \approx 2170$

この羊皮紙は2170年前のものであり，3270年前と約1100年の違いがあるので，偽造されたものと考えられる．

【74 Lagrange's Notation, Leibniz's Notation 解答】

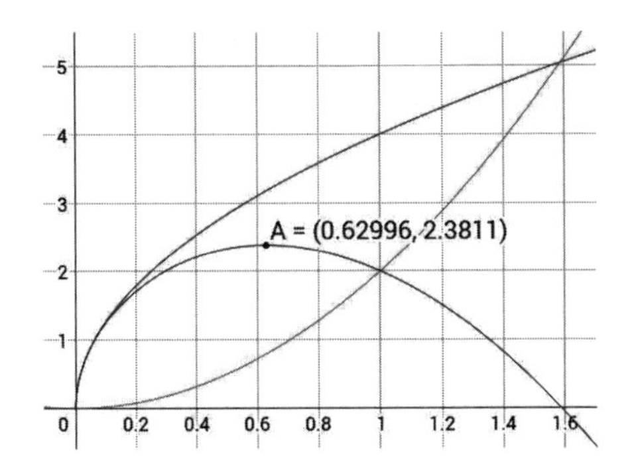

a) $p(x) = r(x) - c(x) = 4\sqrt{x} - 2x^2 = 4x^{\frac{1}{2}} - 2x^2$

b) $\dfrac{dp}{dx} = 2x^{-\frac{1}{2}} - 4x, \ \dfrac{d^2p}{dx^2} = -x^{-\frac{3}{2}} - 4$

c) $\dfrac{dp}{dx} = 0 \Leftrightarrow x = 2^{-\frac{2}{3}} = 0.6299...$

maximum 0.630 thousands (or 630)

【77 Riemann Sum 解答】

$f(t) = -t^3 + 4$ とすると，

$$\frac{2}{5}\left(f(-1) + f\left(-\frac{3}{5}\right) + f\left(-\frac{1}{5}\right) + f\left(\frac{1}{5}\right) + f\left(\frac{3}{5}\right)\right) = 8.4$$

（定積分の正確な値は 8 になります）

【79 Squeeze Theorem 解答】

$$0 < \frac{n^n}{(2n)!} = \frac{n^n}{2n(2n-1)\cdots(n+1)n!} < \frac{n^n}{n^n \cdot n!} = \frac{1}{n!}$$

右辺の極限値は0なので，

$$\lim_{n\to\infty} \frac{n^n}{(2n)!} = 0$$

【80 Tabular Method 解答】

1. $\displaystyle\int x^2 \log x dx = \frac{1}{9}x^3(3\log x - 1) + C$
2. $\displaystyle\int x^6 e^x dx = e^x(x^6 - 6x^5 + 30x^4 - 120x^3 + 360x^2 - 720x + 720) + C$
3. $\displaystyle\int e^{-x} \sin x dx = -\frac{1}{2}e^{-x}(\sin x + \cos x) + C$

【83 Ferris Wheel 解答】

(a) $a=13$, $b=12$, $c=\frac{\pi}{30}$, $d=15$
(b) 24.9 m

参考文献

参考書籍

- "An Introduction to Banach Space Theory" Robert E. Megginson (Springer)
- "Calculus For Dummies" Mark Ryan (For Dummies)
- "CAT MATHEMATICS" ABHIJIT GUHA (PHI Learning)
- "Essential Mathematics for Games and Interactive Applications, Third Edition" (CRC Press)
- "Euclid's Elements" (Independently published)
- "Foundations of Signal Processing" (Cambridge University Press)
- "IB Math SL" text books (Oxford, Cambridge, Pearson and Haese)
- "IBDP Mathematics Analysis and Approaches Standard Level" (Oxford University Press)
- "Mathematics for Engineers and Scientists, Sixth Edition" Alan Jeffrey (Chapman and Hall/CRC)
- "Mathematics for the international student Mathematics HL (Core) third edition" (Haese Mathematics)
- "Mathematics for the international student Pre-Diploma SL and HL MYP 5 Plus" (Haese Mathematics)
- "Mathematics for the International Student-IB Diploma: SL" (Haese Mathematics)
- "Mathematics Higher Level (Core) 3rd Edition" (IBID Press)
- "Mathematics Higher Level Topic 9 Option Calculus" (Cambridge University Press)
- "Pearson Baccalaureate: Standard Level Mathematics for the IB Diploma" (Pearson Education)
- "Pearson Baccalaureate: Standard Level Mathematics for the IB Diploma International Edition" (Pearson Education Limited)
- "Proceedings of the First International Conference on Smarandache Type Notions in Number Theory" (American Research Press)

- 『アルベロス 3つの半円がつくる幾何宇宙』奥村博 / 渡邉雅之（岩波科学ライブラリー）
- 『プリンストン数学大全』ティモシー ガワーズ（朝倉書店）
- 『円周率を計算した男』鳴海風（新人物往来社）
- 『解析概論』高木貞二（岩波書店）
- 『数学英和・和英辞典』小松勇作 編（共立出版）
- 『数学チュートリアルやさしく語る微分積分』西岡康夫（オーム社）
- 『数学入門』遠山啓（岩波新書）
- 『数学版これを英語で言えますか？』保江邦夫（講談社ブルーバックス）
- 『対数表及真数表』三守守 編（山海堂）

参考サイト

A MATHS DICTIONARY FOR KIDS
Abbreviations.com
AoPS Online
BRILLIANT
Caterpickles
Chegg Study
Euclid's Elements of Clark University
Code Plea
Encyclopedia of Triangle Centers
English に英語
Faster Arithmetic
Grammarist
Hack Math
Harvard University
INTEGERS
Interactive Mathematics
KudoZ™ translation help
Mac Tutor
Massachusetts Institute of Technology
Math Help Forum
Math Insight
Math.net
MATHalino
Mathematical Association of America
Mathematics Stack Exchange
Math-Only-Math.com
Math Is Fun
mathsteacher.com.au
McGraw Hill
Merriam-Webster dictionaries
Musashino Art University
On-Line Encyclopedia of Integer Sequences
OnlineMathLearning.com
OpenAlgebra.com
Planet Math
ProProfs Quizzes
Purplemath
Quora
S.O.S. MATHematics
Shmoop
Slide Player
Small Sure Thing
Socratic Q&A
SPM Mathematics
Stack Exchange Network
Statistics How To
Study.com
The Math Page
TheFreeDictionary.com
Today I Found Out
University of Idaho
University of New South Wales
University of Waterloo
Wikipedia
Wikiwand
Wiktionary 英語版
Wolfram MathWorld
YouTube
英辞郎 on the WEB
基本情報技術者講座
国立教育政策研究所
国立国会図書館
世界の民謡・童謡

お勧めのサイト（Recommended Sites）

◆ **Math is Fun**

小中高レベルの数学を分かり易く解説しているサイトです．似たような多くの学習サイトには登録や課金を勧める画面がよく出てきますが，ここではそれはありません．

◆ **WolframAlpha**

数式処理システム "Mathematica" を開発したアメリカの Wolfram Research 社が提供する，どんな質問にも答えてくれるサイトです．手計算では絶対無理なものでもすぐに解答を出してくれます．

◆ **Wolfram MathWorld**

同じく Wolfram Research 社が運営している数学のオンライン百科事典です．用語の説明だけでなく，誰がいつ発見したかなど，かなり詳しい解説もあります．Wikipedia の記事が正しいかどうかを確認できます．

◆ **GeoGebra**

いろいろな計算，2D&3D グラフ，2D&3D 図形，統計処理などあらゆる数学の題材の視覚化がオンラインでできるサイトです．世界中の利用者の作品を利用したり，応用したりすることができます．ソフトウェアでも提供されています．

◆ **YouTube**

子どもは親から「YouTube ばっかり見てないで！」と叱られますが，学習したい用語で検索すると，必ずといっていいほどその解説が見つかり，勉強になります．上手に利用したいものです．もちろん，英語の動画はリスニングにも役立ちます．

◆ **Wikipedia**

不特定多数の人が編集できるので記事の信頼性が問題視されることもありますが，筆者が利用している限り，数学に関してはあまり間違いを見つけたことがなく，大いに参考にしています．筆者自身も登録していて，これまでに何度か加筆・修正したことがあります．

◆ On-Line Encyclopedia of Integer Sequences （オンライン整数列大辞典） - OEIS

35万を超える整数列が紹介されています（2022年1月現在）．例えば，1, 2, 3, 4, 5, ... は，"The positive integers. Also called the natural numbers, the whole numbers or the counting numbers, but these terms are ambiguous (曖昧)." と書かれています．

◆ Encyclopedia of Triangle Centers - ETC

4万6000を超える三角形の中心が紹介されています（2022年1月現在）．例えば，最初の4つはお馴染みの，incenter（内心）, centroid（重心）, circumcenter（外心）, orthocenter（垂心）です．

◆ The Largest Known Primes

いろいろなタイプの素数が大きい順に紹介されています．2022年1月現在は，2018年に発見されたというメルセンヌ素数が最大で，24862048桁にもなります．

◆ Abbreviations.com

いろいろな分野の略語が集められていて，数学だけでも3700を超えています（2022年1月現在）．例えば，SASといえば日本では "Southern All Stars" が有名ですが，Mathematics の category では，"Side Angle Side"（三角形合同条件の二辺挟角相当）になります．

あとがき

本書に登場した「意外な数学英語たち」を実際に含んだ問題の例をあと少しだけ見てみましょう．カナダの University of Waterloo では毎年数学コンテストを開催しています．その中の "Gauss Contest Grade 7 in 2021" の問題（中学 1 年生向け 60 分 25 問，電卓使用可）から，比較的易しいものと難しいものを各 1 題紹介します．まず自分で解いてみてください．
（解答は P.244）

Q1. The line graph shows the distance that Andrew walked over time. How long did it take Andrew to walk the first 2 km?

(A) 15 minutes (B) 1 hour, 15 minutes
(C) 1 hour, 45 minutes (D) 2 hours
(E) 45 minutes

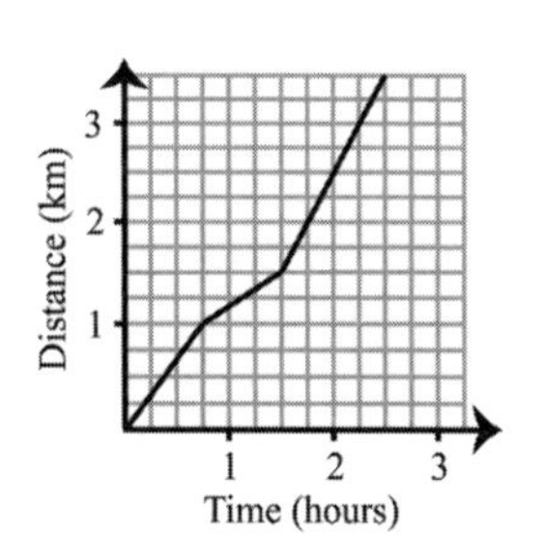

Q2. Jonas has 1728 copies of a $1\times1\times1$ cube with the net shown, where c is a positive integer and $c<100$. Using these 1728 cubes, Jonas builds a large $12\times12\times12$ cube in such a way that the sum of the numbers on the exterior faces is as large as possible. For some values of c, the sum of the numbers on the exterior faces is between 80 000 and 85 000. The number of such values of c is

		c	
c	c	100	c
		c	

(A) 39 (B) 38 (C) 37 (D) 36 (E) 35

どちらも図があるので，line graph や net の意味を知らなくても理解できるかも知れません．ただ知っておいた方が安心して解くことができると思います．文章題は問題の意味が分からないと解くことができません．いろいろな言い方，表現を知ることで内容を理解する，その一助となることがこの本を出版した目的でした．

さて，IB（International Baccalaureate 国際バカロレア）という教育プログラムがあります．1960 年代に始まってインターナショナルスクールを中心に世界中に広まり，最近は日本の学校にも広がり始めました．私はこの IB 教育を行うインター校と同じ校舎内にあって，帰国生受入れを主たる目的とする中高一貫校に長年勤めていました．その時代に我が子 2 人をそのインター校に通わせ，教える側と学ぶ側の立場から IB の数学を研究してきました．

その後は 2 年ほど immersion program に取り組みました．これは 1960 年代にカナダで始まった，学習者を第 2 言語だけの環境にどっぷりと "immerge" すなわち「浸す」教育法で，開始年齢や実施時間によっていくつか種類があります．私が経験したのは partial immersion と呼ばれる方法で，米国人や英国人の教師とペアを組み，同じ数学の授業時間の中で，外国人教師による海外現地校のような授業と私の日本語補習校のような授業を混在させるというものでした．

CLIL (Contents and language integrated learning 内容言語統合型学習）は 1990 年代にヨーロッパで始まった，第 2 言語で教科内容を学ぶ（教える）という教育法です（以下，著者の立場で「教える」という表現を使います）．この CLIL には 2 種類あり，英語の教師がその授業の中で他の教科内容を短期間教える Soft CLIL と，教科担当の教師が 1 年を通して教科内容に重点を置きながら英語を使って教える Hard CLIL とがあります．現在の私の実践は後者の Hard CLIL に当たり，英語のテキスト，ウェブページ，動画，クイズ，音声読み上げソフトなどを多用して，英語と日本語の用語解説をしながら授業をしています．

以上の教育プログラムは，今後も少しずつではありますが，日本でも広がっていくものと思われます．私はこれらの経験を元に，この本の原稿になったブログを書いてきました．なので，この本は IB 数学の研究，immersion program の経験，CLIL の実践を重ねてきたことで生まれたとも言えます．読者のみなさんが「意外な数学英語たち」に出会って，その意外性を楽しむことができたとすれば大変嬉しく思います．

本書の出版準備に際して，数式については，私と同業でランニング仲間でもある菅康之さんに，多くの面倒な計算や式変形や解法など，細かいところまでチェックしていただきました．また技術評論社書籍編集部の成田恭実さんには，企画から出版までのすべての段階で多くの助言や提案をいただきました．お2人にはこの場をお借りして厚くお礼申し上げます．

2022年4月　馬場博史

[Gauss Contest Grade 7 in 2021 の解答]

A1. グラフの Time＝2 の点の座標が $\left(\frac{7}{4}, 2\right)$ なので，$\frac{7}{4}$時間，すなわち (C) 1 hour, 45 minutes が正解．

A2. 3 面が表 (おもて) になる小立方体は大立方体の頂点の数だけあるので 8 個あり，その面に書かれている数は (c, c, 100)，2 面が表になる小立方体は大立方体の辺の部分から頂点の部分を除いて 10×12 本 =120 個あり，その面に書かれている数は (c, 100)，1 面が表になる小立方体は大立方体の表面から頂点と辺の部分を除いて 10×10×6 面＝600 個あり，その面に書かれている数は (100)．よって表に書かれている数の総和は，

$$8(2c+100)+120(c+100)+600\times100=136c+72800$$
$$80000<136c+72800<85000$$
$$7200<136c<12200$$
$$52.9<c<89.7$$

すなわち c は 53 から 89 までの整数 37 個の値をとるので，(C) 37 が正解．

著者プロフィール

馬場 博史（ばば ひろし）

神戸大学理学部数学科卒．ドルトン東京学園中等部高等部指導教諭．CLIL（内容言語統合型学習）研究担当．長年帰国生教育に携わりながら，国際バカロレア (IB) 認定校であるインターナショナルスクールの数学教育を研究．IB 数学教員研修言語サポート，IB 候補校推進室コーディネーター，イマージョン教育主任，IB 数学教育論文査読員を歴任．数学の授業で CLIL を実践中．著書「国際バカロレアの数学—世界標準の高校数学とは」(2016 年松柏社)，「マスメディアの中の数学—小説・ドラマ・映画・漫画・アニメを解析する」(2017 年関西学院大学出版会)．趣味はランニング．

◆ 数式校正　**菅 康之**

◆ イラスト　**石倉 碧海**

MEMO

- 本書に関する最新情報は，技術評論社ホームページ（https://gihyo.jp/）をご覧ください．
- 本書へのご意見，ご感想は，以下の宛先へ書面にてお受けしております．電話でのお問い合わせにはお答えいたしかねますので，あらかじめご了承ください．

〒162-0846 東京都新宿区市谷左内町 21-13
株式会社 技術評論社 書籍編集部
『数学も英語も強くなる！
直訳では伝わらない意外な数学英語たち』係

数学も英語も強くなる！ 直訳では伝わらない意外な数学英語たち

2022年5月11日　初 版 第1刷発行

著　者　馬場 博史
発行者　片岡 巌
発行所　株式会社技術評論社
東京都新宿区市谷左内町21-13
電話　03-3513-6150　販売促進部
03-3267-2270　書籍編集部
印刷／製本　昭和情報プロセス株式会社

定価はカバーに表示してあります。

装丁、本文デザイン、DTP ▶ オフィスsawa
本文イラスト ▶ 石倉 碧海　　数式校正 ▶ 菅康之

ISBN978-4-297-12721-3　C0041
Printed in Japan